黑科技浪潮

张勇　徐莉　著

一本体现 STEAM 融会贯通教育理念的科普书
有科学，有技术，有故事，有古诗

为您打通教材知识与黑科技之间的通道
把大众的朴素智慧链接到前沿的科技理念
令您愉悦地读书，无尽地畅想

黑科技令人心潮澎湃，但还请您保持冷静

首都师范大学出版社
CAPITAL NORMAL UNIVERSITY PRESS

图书在版编目（CIP）数据

黑科技浪潮 / 张勇, 徐莉著. —北京：首都师范
大学出版社, 2017.8

ISBN 978-7-5656-3673-8

Ⅰ. ①黑… Ⅱ. ①张… ②徐… Ⅲ. ①科学技
术—普及读物 Ⅳ. ①N49

中国版本图书馆CIP数据核字(2017)第155088号

HEIKEJI LANGCHAO

黑科技浪潮

张勇　徐莉　著

责任编辑　孙　琳

首都师范大学出版社出版发行

地　　址　北京西三环北路105号
邮　　编　100048
电　　话　68418523（总编室）　　68982468（发行部）
网　　址　www.cnupn.com.cn
印　　刷　三河市博文印刷有限公司
经　　销　全国新华书店
版　　次　2017年8月第1版
印　　次　2017年8月第1次印刷
开　　本　710mm×1000mm　1/16
印　　张　16.5
字　　数　250千
定　　价　59.00元

推荐序

《黑科技浪潮》是以美国《麻省理工科技评论》所评选的 2016 年全球十大技术突破为题材，比较全面地挖掘这十项技术的内涵和背后的故事。其内容跨越生物基因技术、语音识别互动技术、火箭回收技术、机器人、太阳能板、即时通信、自动驾驶、空中充电各种不同领域，这些内容都体现出时代主题、社会热点，具有适时性、典型性、可读性，汇集了有阅读价值的新信息和新成就，启迪读者思考，激发探索欲望。

本书以美国《麻省理工科技评论》每年选取的全球十大技术突破为题材，吸纳了许多属于"大科学"的内容。20 世纪 90 年代以来，随着跨学科综合性的新技术革命的到来，以"大科学"视野研究解决事关国家利益和人类共同命运的问题成为一种时代的新趋向。本书的创作理念在于不仅让公众关注保健、养生、医疗、健康等有关切身利益的问题，还让其树立对人类与社会发展共命运的长远利益的价值观。作者体现出对科普理念和目标的深刻理解，并准确地进行了有益的实践。

书中不仅介绍了技术进步和未来期盼，还讨论了潜在问题或风险，令人在欣喜阅读的同时保持一份冷静，以科学的理性，探索科学对社会的正负面影响。

本书的新意还在于作者用有趣的语言来传播科学，以符合大众的习惯和青少年的喜好，开阔视野，探知未来。作者还尝试把自编的微故事和中国的古诗词融入书中，以一种人文的方式传播科普知识，从而使人耳目一新。

作者在繁忙工作的同时，以睿智和毅力编著本书，体现出对传播科技发展的责任担当，对教育执着的爱和忠诚的教育情怀。

　　我期待有更多的人，像本书作者一样，投入到科普教育的编著与创作中来，创作出更多推动素质教育的多元作品，在我们这个百花盛开的教育园地里绽放异彩！

　　让我们的教育更美好！

李象益

2017. 2. 28.

联合国教科文组织"卡林加科普奖"获奖者

中国科技馆原馆长

前 言

　　2016 年，中国科技成果颇丰，方方面面的报道纷至沓来，国人深感震撼和骄傲。国际范围的科技发展又是怎样的呢？本书对美国《麻省理工科技评论》评选的 2016 年全球十大突破性技术进行梳理和探究，间或对比国内相应的技术发展，期待能为读者了解最新科技发展提供一个广阔的视野。

　　因为兴趣驱动，我们埋头阅读了有关这十项技术的大量国内外报道和文章，受益匪浅。我们一边感叹技术发展，一边浮想联翩，终有所悟，发现了一些线索，获得了一些感悟，于是特别想与大家分享。

　　写作的过程也是自己成长的过程，当厘清思绪并把思想变成文字的那一刻，心里满是喜悦。我们非常享受文字落纸的那一刻，一边领略高科技，一边沉浸于把思考和感想变成有趣的文字的喜悦中，感觉自己也逐渐变得唯美起来。

　　我们把自编小故事和中国古诗词融入书中，尝试在科普内容中融入人文要素，让本书处处充盈着 STEAM 融会贯通的教育理念。我们期待对每项技术及其每个方面问题的描述都能给读者带来一种意境，就像如歌的行板，娓娓道来每个技术的身世和前途。

　　在这十项技术中，四项与数据和计算有关，三项与基因研究有关，两项与能量利用有关，一项与太空探索有关。与数据和计算有关的四项技术分别是语音识别与互动技术、相互学习的机器人、Slack 办公交流工具、"特斯拉"自动驾驶技术。与基因有关的三项技术分别是免疫工程技术、植物基因编辑技术、DNA 应用商店。与能量利用有关的两项技术分别是"太阳城"超级工厂和空中取电技术。与太空探索有关的一项技术是火箭回收利用技术。

　　数据和计算领域涉及数据来源、网络、云计算、机器学习等技术，这些技术促使人工智能快速发展。对数据和计算领域的整体感觉就是"磨刀不误砍柴工"，人类潜心开发人工智能，人工智能达到"青出于蓝而胜于蓝"的程度，超越人类，现在人类感叹人工智能的厉害，未来人类也许不得不处理和人工智能之间的关系。

对基因技术的整体感受就是"生存是硬道理"，人类要奔向更美好的明天，就要健康地存活，一切科技飞跃都离不开人类的健康体魄。对能量利用技术的整体感受就是宇宙是一个能量场，能量是人类永恒的追求。对太空探索技术的整体感受就是它是能量技术的延伸，对能量的有效利用使人类深入宇宙进行探索。

本书对空中取电技术着墨最多，不是回顾历史，就是描述现状，或是讨论未来，总也写不完，没想到这项压轴技术占了本书很大的篇幅。

对这十项技术，还可以更精简地总结。无论是与数据和计算有关的四项技术，还是与基因有关的三项技术，追求的都是"快"和"准"。与能量有关的两项技术和与太空探索有关的一项技术追求的是"省"和"快"。也许，在描述科技的质的飞跃时，"快""准""省"是少不了的关键词，现代高科技就是要在效率上力求"快速"，在效果上力求"精准"和"节省"。

除了利用自编小故事和古诗词把高冷的科技知识变得温暖外，我们也特别想把技术背后的故事和人物呈现给大家，让本书时时洋溢暖暖的人文情怀。书中出现最多的名字是"特斯拉"和"马斯克"，有尼古拉·特斯拉、马斯克的太空公司、马斯克的太阳能板公司、马斯克的"特斯拉"自动驾驶公司。尼古拉·特斯拉是一位百年一遇的科学家。马斯克是一位大智大勇的科技和商业奇才，他既经历了巨大失败，又获得了伟大成功，无论是如从天到地般的失败，还是如从地到天般的成功，他都从容面对。他有做大事所必需的心理素质，他是一个见了大世面的人。在领略这十项技术的过程中，大多数的时间都是在领略尼古拉·特斯拉和马斯克的风采，似乎他们俩相约在悄然进行一场跨世纪的对话。

这十项技术刚刚露出了端倪，未来仍充满变数，业内人士一边摸索一边前行，即便不是胸有成竹，也胸中充满憧憬，锐意进取。为此，本书在挖掘这些前沿技术时，不仅描述技术进步和未来期盼，还讨论潜在问题或风险，令人在欣喜的同时也保持一份客观冷静。

本书虽然不能涵盖过去一年中全球所有重大的科技发展，但其内容跨越生物基因技术、语音识别互动技术、火箭回收技术、机器人、太阳能板生产、即时通信、自动驾驶、空中充电各种不同领域，这些内容具有一定的代表性，能够启发读者的思考和探索。

本书虽是大众科普读物，但是我们也非常期望本书能给学生们带来精神上的享受和知识上的冲击。书中描述的技术不仅与中学的物理、生物、机器人课程等相关联，还能开阔学生的视野，让学生体会到书本中似曾相识的知识如何被科学家演绎成前沿技术，让学生感受到书本知识与"黑科技"之间的距离，为他们缩短这个距离，为他们打通一个通道。

我们很荣幸本书的写作能获得大师名家的鼓励，非常感谢科技科普领域的泰斗李象益先生和知名专家柳卸林教授欣然拨冗为本书作推荐序和推荐词，这也是对我们今后工作的鞭策。此外，我们也很感谢教育科技行业的新锐总裁对本书的肯定，他们是北京启智荣和教育科技有限公司总裁马丽丽女士、北京时尚百联科技股份有限公司董事长助理段红宇先生。

作为首师大的学子，我们感恩母校的培养，并很荣幸能与首师大出版社合作出版本书。

此次写作本书，我们是在做一种写作方法上的尝试和探索，是想更好地与读者分享自己的学习所得，如有不当之处，还请大家批评指正，我们将努力做得更好。

张勇　徐莉
2017 年 5 月于北京海淀

目　录

第三项 语音识别与互动技术

第四项　火箭回收利用技术

第五项　相互学习的机器人

第六项　DNA 应用商店

第七项　"太阳城"超级工厂

第八项　Slack 办公交流工具

第九项　"特斯拉"自动驾驶

第十项　空中取电技术

第一项 免疫工程技术

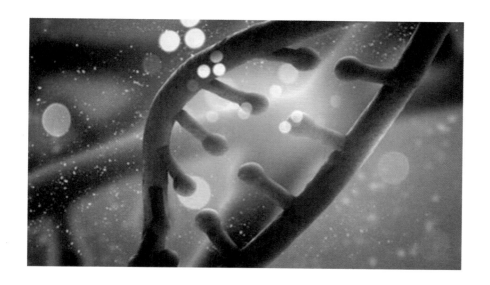

开场花絮：警察的故事

这原本是个安静祥和的社区，名字唤作"人体"。数月前，一伙妖魔闯入，搅了社区的安宁。妖魔干着坏事，居民人人自危，心、肝、脾、肺、肾、大脑和骨骼等社区重要成员都胆战心惊。居民们把这群坏蛋怒斥为"癌细胞"，希望警察大哥能为民除害，还社区原来的祥和。警察大哥是名叫"T细胞"的壮汉，一直不负众望，可是此番遇到的妖魔实在厉害，迟迟未能抓到，为此警察大哥也是整日里愁眉不展。

听说有座名叫"科学"的山，山上住着一位德高望重的武林高手，人送美称"科学家"，他有"火眼金睛"和"剪刀手"的盖世本领，专门除暴安良。警察大哥决定马上动身，去攀登"科学"高峰，拜访"科学家"。路途辛苦，自不必说。好在他终于见到了仰慕的"科学家"。一番诉说后，他当即抱拳跪下，请"科学家"面授机宜，把名叫"TALEN"的本领传于自己。"科学家"侠肝义胆，岂会拒绝？TALEN的整个套路由叫作"蛋白质"的火眼金睛功夫和叫作"核酸酶"的剪刀手功夫构成，追求出手时的稳、准、狠。有"科学家"手把手亲传，警察大哥很快就掌握得如行云流水。学到此，警察大哥不敢耽搁，与师父依依惜别。

晓行夜宿，一路无话。赶回时，社区已是乱作一团。警察大哥顾不上休息，当即决定施展"TALEN"神功。此时的"癌细胞"因为长期搜刮民脂民膏，已长得肥头大耳，警察大哥有了新炼就的火眼金睛，迅速识别，并以迅雷不及掩耳之势施展剪刀手，喊哩咯喳，"癌细胞"全部被消灭了。居民们个个拍手称快。此后，社区恢复了往日的秩序，居民们重又过上踏踏实实的安生日子。

古人云：
马作的卢飞快，
弓如霹雳弦惊。
了却君王天下事，
赢得生前身后名。

今个说：
马作的卢飞快，
弓如霹雳弦惊。
科技助力天下事，
赢得生前身后名。

开场属虚构，要知实情，请看下文。

一、命悬一线的女婴

日本曾拍过一部名为《血疑》的电视剧，在我国广受好评。剧中讲述的是：花季少女大岛幸子不幸患了白血病，在治疗中，她与亲人们演绎出一幕幕感人的故事，只可惜，在尝试了当时的所有医疗手段后，幸子还是未能逃脱病魔的魔爪，最终离开了挚爱她的亲人。

1. 她的未来在哪里

现在要说的是一个英国女孩，她和幸子一样不幸得了白血病。她的名字叫蕾拉，2014 年 6 月在英国出生，3 个月大时被诊断出患有白血病，在伦敦的一家儿童医院接受治疗。蕾拉所患的白血病是极为凶险的一种，对其他患者有些效果的治疗方法在她身上就是不起作用，这可愁煞了医生。

好不容易挨到 1 岁时，楚楚可怜的蕾拉已经病得不轻，医院准备对她进行临终关怀。这个幼小的生命，能经历的手术都经历了，能用的药都用了。她还有救吗？还有活路吗？

> **临终关怀**
> 对于治愈希望渺茫的患者，在其逝世前的几个星期甚至几个月的时间内，给予身心关怀，提供医疗护理、生活照顾和心理支持，减轻患者的恐惧、不安、焦虑等负面情绪，使其能心平气和地面对死亡。临终关怀是社会文明发展的标志。

一边是气息奄奄的孩子，一边是愁眉不展的父母，一边是束手无策的医生，怎么办？孩子的父母不想终日以泪洗面，也不想女儿就此撒手人寰，她那花蕾般的生命才开始，还没有沐浴阳光和雨露而绽放。父母平静地告诉医生，不管用什么办法，即便是从未尝试过的，但凡有点希望，他们也会豁出去一搏。

2. 小药瓶里的秘密

医生也不忍心放弃蕾拉，听了蕾拉父母的话后，目光从犹疑变得坚定，并很快联系了远在大西洋彼岸的美国生物技术公司 Cellectis。这家公司手握抗癌利器，将其保存在小药瓶里，就像神仙把仙丹藏在宝葫芦里那样。

既然小药瓶有如此威力，承载着人类挑战癌症的希望，为什么医生不早用呢，偏要等人家求到那个份儿上？原来，小药瓶里"藏"的是利用基因编辑技术改造的白细胞，这种技术简称 TALEN，可以使白细胞更加精准地捕捉并消灭癌细胞，只是这种药仅在老鼠身上试验过，还未发展到临床阶段。医生担心，万一打开的是潘多拉魔盒，或蕾拉受不了药物反应，就此被死神带走，那该怎么办？更糟的是，制药公司和医院的名声也将从此不保。有药却不能用，医生也是左右为难。如果不是被逼到了这最后关头，被逼到了背水一战的境地，谁会当拼命三郎？也因着大家对这个孩子不离不弃的爱，医生终于拿出了不成功便成仁的魄力。

3. 爱与高科技谱写的生命颂

科技和爱终于带来了奇迹。经过不到半年的治疗，2015 年 11 月，蕾拉已康复得相当不错了。虽然人们对蕾拉的未来众说纷纭，治疗的最终效果还有待多年跟踪，但憋了很久的医院和制药公司终于可以暂时长舒一口气了。顽强的蕾拉、不轻言放弃的父母和医生，让人们看到了希望——TALEN 免疫工程技术为治疗癌症带来曙光。

从 2016 年下半年开始，蕾拉每月 1 次的复诊改为每 3 个月 1 次。小家伙两岁多了，头发带卷，开开心心，喜欢结识新朋友、和妈妈一起读书、去动物园看动物。对她来说，每天都是阳光灿烂的日子。爱与高科技为她谱写了一曲生命颂，她没有理由不快乐。让我们一起为她祈祷祝福吧。

二、免疫工程技术的洪荒之力

1. 一套标配赛英雄

把蕾拉从死亡线上拉回来的 TALEN 技术是一种免疫工程技术。TALEN 全称为"转录激活因子样效应物核酸酶"，其中"TALE"代表"转录激活因子样效应物"，是一种蛋白质，可以识别和结合 DNA 的任何特定部位，N 代表核酸酶，能剪切 DNA。所以 TALEN=TALE+N，TALE 附加核酸酶后就可以剪切 DNA 的特定位点。

如果听起来挺玄，那就不妨这样想想看：无论是打靶还是射箭，都需要瞄准和射击这两个动作。弯弓射大雕的一代天骄成吉思汗，百发百中的水浒英雄"小李广"花荣，铁血丹心的射雕英雄郭靖，无论是真实的还是虚构的，他们弯弓射箭，百发百中，折服众人。TALEN 也一样，也有瞄准和射击两个动作，瞄准动作由 TALE 完成，射击动作由 N 完成。TALEN 就是射手；TALE 就是他的一双利眼，炯炯有神；N 就是他的弓箭。或者，干脆把 TALEN 想象成孙悟空，TALE 就是他的火眼金睛，N 就是他的金箍棒，有了好眼力和好兵器，孙悟空就可以降妖除魔了。现在，是否感觉高深莫测的 TALEN 技术开始变得面目亲切起来？是否很想一睹它的飒爽英姿？

说到 TALEN 中的 TALE，还有一段故事。几年前，科研人员发现了细菌的一个不光彩的秘密：它攻击植物时，分泌一种蛋白质，并把它注入植物细胞。这种蛋白质鬼头鬼脑，进入植物细胞后很不安分，它潜入细胞核，明知那里驻有植物的重要机关。它果真图谋不轨，打探一番后，就着手干坏事，目标直指细胞核里的 DNA 和基因。凭借着能识别 DNA 排序的能力，它非法打开一些基因的开关，这就好比给船凿了几个洞，结果植物很快就被细菌感染。原来，植物就是这样死于非命的，这种蛋白质就是细菌的特务，它帮助细菌轻而易举地拿下可怜的植物。

这个发现使人们震惊，也启发了人们。科研人员在实验室设计可以读取 DNA 排序的蛋白质 TALE，利用它来靶向细胞里的 DNA。TALE 在 DNA 上找到目标位点后就缠上去，似乎要把 DNA 死死抱住，然后就让核酸酶 FokI 出手，在目标位点一刀下去，剪断 DNA 的一条链。若要剪断 DNA 的双链，就需要两个 TALEN，它们的 TALE 分别抱住 DNA 的一条链，然后两个 FokI 齐上阵，在目标位点剪断 DNA 双链。

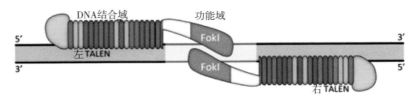

两个 TALEN 在目标位点两侧分别缠绕在 DNA 上，一个 TALEN 绕住一条链。

如果上面这张图看得还不过瘾，那么就接着看下面这个模型图，多少能有些观看实战模拟的感觉。

两个 TALEN 正绕在 DNA 上，它们的核酸酶准备对 DNA 下手了。

DNA 双链被剪后，基因编辑技术就可以发挥作用了，可以在剪掉的部位加入一段基因排序，或者由细胞自身启动对 DNA 的修复工作，使断裂的 DNA 重新连接起来。不过，无论 DNA 怎样勉强连接上，也与以前不同了，毕竟有那么一段基因排序已经消失了，少不了一种"破镜难圆""覆水难收"的感觉。

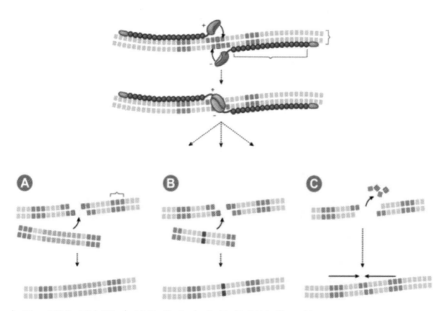

上图：两个 TALEN 在目标位点合力剪断 DNA 的双链。

下图 A 基因敲入：在剪掉的位点增加一段新基因排序，使 DNA 具有新特点。

下图 B 基因修复：在剪掉的位点替换一段正确的基因排序，使 DNA 恢复正常功能。

下图 C 基因敲除：在剪掉的位点，DNA 再连接起来，但涉及的基因已不再有功能。

2. 她的救世主

医生在救治蕾拉时使用了别人捐献的 T 细胞。通常，捐献的 T 细胞注入病人体内后，会把病人体内的细胞当作外来细胞进行攻击，同样，病人的免疫细胞也会把捐献的 T 细胞当成外来细胞攻击，只不过对白血病患者来说，这不是个问题，因为抗癌药已摧毁了病人自身的免疫细胞，只是抗癌药也能摧毁捐献的 T 细胞。所以，为了防止捐献的 T 细胞攻击病人的正常细胞，防止抗癌药攻击捐献的 T 细胞，也为了使捐献的 T 细胞拥有强大的攻击癌细胞的能力，就需要对捐献的 T 细胞进行一番改造。

救命的外来 T 细胞经过 TALEN 技术改造后，其中会产生不利影响的基因不再发挥作用，另外还增加了可以对抗癌细胞的基因排序，最终在病人体内一展雄姿。蕾拉就是这个技术的首个临床受益者，几周后她接受了骨髓移植手术，三个月后又接受了第二次骨髓移植手术，逐渐恢复了自身的免疫系统。最后，她自己的免疫细胞就能够识别捐献的 T 细胞，把它作为外来细胞摧毁，她的身体里就不会再有基因编辑过的外来 T 细胞了。被编辑的外来 T 细胞一路走来，风尘仆仆，它就像小船，渡着小蕾拉，穿越凶险的海浪，驶向希望的彼岸，功成名就后就消隐无痕了。可谓是：

赵客缦胡缨，吴钩霜雪明。
银鞍照白马，飒沓如流星。
十步杀一人，千里不留行。
事了拂衣去，深藏身与名。

3. 去救更多人

从 2010 年开始，在全球范围内，许多实验室纷纷使用 TALEN 基因编辑技术，它成了人们研究基因功能和基因治疗的重要工具，可以帮助人们找到基因突变和疾病之间的关系。

比如，用 TALEN 技术剪断干细胞的 DNA，使它发生基因突变，就可以知道最后会出现什么症状。再如，2011 年，欧洲的研究人员发现三个病人有相同症状，都是血糖低和肥胖，还发现这三个病人体内的 AKT2 基因有突变，当时研究人员提出了一种假想，就是 AKT2 基因突变与这些症状有关。不过很可惜，当时没有办法来验证这个假想。2012 年，美国的研究人员就用 TALEN 基因编辑技术验证了这个假想。科研人员从病人体内提取变异 AKT2 基因，利用 TALEN 技术把变异的 AKT2 基因注入正常的干细胞，被编辑的干细胞按设计成长为肝细胞后，产生的糖比正常的肝细胞少。被编辑的干细胞成长为脂肪细胞后，就会储存糖，还把糖变成脂肪。这个实验就验证了 AKT2 基因突变的临床症状是低血糖和肥胖。

一旦找到了基因突变与疾病之间的一一对应关系，就可以从基因入手找寻救治办法。科学家们仍在努力研究，期待免疫工程技术能够更加稳、准、狠地对付各种重疾，能让病入膏肓之人脱离苦海。

4. 操之过急之忧

2015 年，一个由中韩科学家组成的研究小组尝试利用 TALEN 技术改良猪，想培育出肉又多又瘦的肌肉猪。道理听起来挺简单：既然肌抑素是抑制肌肉细胞生长的蛋白质，那就剪断与肌抑素有关的基因，让肌肉充分生长。

实验开始了，科研人员先对猪的胎细胞进行基因编辑，然后把编辑成功的胎细胞植入卵细胞中。用此法育出的 32 只小猪崽，肌肉的确发达，但是个头儿大，出生时困难，就像难产儿，几个月后所剩无几。

实验虽不成功，韩国科学家却"奇思妙想"，想把这种肌肉猪的精液卖到中国，与正常的猪进行繁殖。他们以为中国法律环境宽松，所以还没搞明白为何猪崽难以成活，就盘算起了繁殖，盘算起了赚钱，心太急，令人忧。

三、人体角斗场中的英勇斗士

无论是人体自身对抗癌细胞，还是利用医学手段调动人体自身来对抗癌细胞，有一类英雄是要浓墨重彩的，那就是 T 细胞。T 细胞之所以叫这个名字，不是因为它长得像字母 T，而是因为它由胸腺利用血液干细胞制造产生，为了表示它的来源，人们就用"胸腺"英文单词的首字母 T 来命名。

1. 重要的 T 细胞

白细胞是构成人体免疫系统的细胞，活跃在人体各处，包括血液和淋巴系统，可以帮助人体抵御病菌入侵。T 细胞和白细胞的关系是这样的：白细胞包括淋巴细胞、嗜碱性粒细胞、中性粒细胞、嗜酸性粒细胞和单核细胞，T 细胞是淋巴细胞的一种。看来，这就像剥洋葱，白细胞是洋葱的最外一层，剥掉两层后才能到达 T 细胞这个类别。

T 细胞是人体免疫系统的重要细胞，能杀死癌细胞，而且在这个过程中不会对人体的自身组织造成损害。如果把人体比作角斗场，T 细胞就像威武勇敢的斗士，游弋在人体各处，护卫着人体，当坏细胞如豺狼虎豹般出现时，T 细胞就会义无反顾地扑过去，刺穿要害，予以歼灭。T 细胞还有记忆能力，凡遭它打击过的坏分子，它都能记住，当坏分子的同类再次进入人体时，T 细胞就会不假思索地予以重创，让它永世不得重生。看来 T 细胞有自己的"人脸识别系统"。

现在问题来了：既然 T 细胞那么强大，为什么人还会死于那么多不治之症呢？是不是 T 细胞也会出现问题呢？

2. 健忘的 T 细胞

科学家发现婴儿体内的 T 细胞记忆力不太好，其结果就是对于再来侵扰的病毒不能提高"革命警惕性"，导致坏分子乘机混入人体阵营，兴风作浪，掀起一场大病。本来应该是天网恢恢、疏而不漏，可是 T 细胞的"健忘症"导致人体的免疫大网出现了漏洞。科学家们深知"小洞不补、大洞受苦"的道理，加足了马力，努力研究能改善婴儿 T 细胞记忆力的疫苗。

3. 寡不敌众的 T 细胞

蕾拉的问题主要在于她身体里没有足够数量的 T 细胞，无法抵抗异常凶险的血癌细胞。对她来说，要想赢得对抗绝症的艰巨战斗，就必须增加身体里 T 细胞的数量，而她只能依赖别人提供的 T 细胞。

大家一定听说过器官移植后的排斥反应，同样，如果献血者甲的 T 细胞被提取并注入病人乙的身体里，甲的 T 细胞就会把乙的细胞作为入侵者，对乙的细胞一路横扫，上演一场杀戮，最终使乙命归黄泉。好在有 TALEN 基因编辑技术，那种抱定"宁可错杀一千，不可错过一个"血腥态度的 T 细胞被调教了一番，明白了枪口应该瞄准谁。

蕾拉就是依赖被 TALEN 改造的外来 T 细胞而得以康复的。从捐献者的血液中提取出来的 T 细胞接受了 TALEN 技术的改造，原来的一些 DNA 排序被剪掉，然后被重新理顺排序，获得了对抗癌细胞的能力。它们被注射到蕾拉虚弱的身体中，凭借着"火眼金睛"和"剪刀手"，一路所向披靡，终是不辱使命，那些曾经猖狂的癌细胞一个个应声倒地，受到了应有的惩罚。可谓是：

> 挽弓当挽强，用箭当用长。
> 射人先射马，擒贼先擒王。

在外来 T 细胞光荣完成任务后，为了确保万无一失，医生给蕾拉做了骨髓移植手术，让她的免疫系统重新启动，发挥作用。总之，接受了这些治疗，蕾拉的生命之花得以慢慢地、静静地绽放。

4. 上当受骗的 T 细胞

在 T 细胞与癌细胞之间的战斗中，如果代表正义的 T 细胞收拾了邪恶的癌细胞，人体就感觉舒坦；如果 T 细胞败下阵来，人体就百病丛生，面临危局。癌细胞相当狡猾，它会在细胞表面生成特殊蛋白质，就好像逃犯粘了个假胡子，凭借伪装，它就可能从 T 细胞的眼皮底下蒙混过去。

怎样才能使 T 细胞如常胜将军赵云那样出师必胜呢？这就需要武装 T 细胞，给它更好的装备，让它更强大。还要找到癌细胞的破绽，攻其弱点，让它无处可躲、无处安身，也就是所谓的知己知彼、百战不殆。要想赢得这场无硝烟的艰巨战斗，就需要搞明白如下几个问题：

- T 细胞是怎样攻击癌细胞的？
- 癌细胞是怎样抵御 T 细胞的？
- T 细胞是如何从斗士变成烈士的？
- 癌细胞的破绽和命门在哪里？

5. 不断强大的 T 细胞

道理说起来简单，可是真正实践起来就并非如此了，而且容不得半点儿马虎。目前，研究癌症的制药公司和机构都在研究 T 细胞，研究如何通过基因工程技术把 T 细胞改造成战无不胜的斗士，对癌细胞予以精确识别和打击。例如，网络搜索引擎巨头谷歌公司非常关注科技的发展，就连基因治疗癌症技术都逃不过它的视线，它已为此成立了生命科学部，专门开展免疫治疗研究。

真实故事中的蕾拉是不幸的，又是幸运的。全球顶尖的伦敦大学学院和生物技术公司 Cellectis 早就研究 T 细胞基因改造问题了。编辑后的 T 细胞按剂量被冷冻起来，需要时只要融解就可使用。蕾拉的新治疗方案确定后，医生完全不用急急忙忙现找 T 细胞捐献者，不用临时操作基因编辑技术，只要直接给蕾拉静脉注射现成的救命药就行了，剩下的就是或长或短的住院观察或手术。

还有更绝的呢，癌症病人不是缺 T 细胞吗？那就生产制造 T 细胞。加利福尼亚大学洛杉矶分校就是这般考虑的。2017 年 4 月，这所大学的研究人员发布了一个特大好消息：他们开发了人造胸腺，可以利用病人自身的血液干细胞或捐献者的血液产生 T 细胞，用来对抗癌细胞，这种 T 细胞不会伤害人体的正常组织。可以这样想：人造胸腺就是一台 3D 打印机，血液干细胞就是 3D 打印材料，T 细胞就是 3D 打印的作品。这就是一个制造和智造过程。或许，以后无论是人体胸腺不灵了，还是 T 细胞处于敌众我寡的劣势，或是癌细胞异常狡猾，人造胸腺都能源源不断地供应 T 细胞，以壮大我军的力量，并最终保障 T 细胞完成抗敌使命。

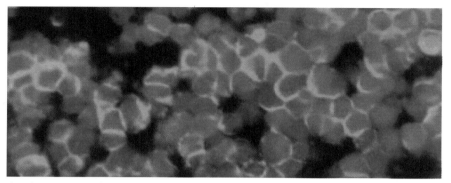

加利福尼亚大学洛杉矶分校利用人造胸腺制造出 T 细胞（红色部分）。

四、展望未来

1.美国老总统的一线生机

蕾拉在英国治疗期间，大西洋彼岸也有一名患者在接受癌症治疗。虽然治疗方法不完全一样，但他们都是现代医学的受益者。

2015年8月，美国第39任总统吉米·卡特对外宣布自己生病的消息，当时黑色素瘤已经从他的肝脏发展到了脑部，而卡特先生已近91岁高龄。总统老矣，尚能治否？人们担心年老体弱的卡特闯不过人生这一劫。更何况他的家族有癌症史，曾有4名家庭成员被胰腺癌夺去了生命。

在治疗过程中，卡特首先接受了肝脏手术，被癌细胞侵扰的那部分肝脏被切除，然后就不断接受放疗和免疫治疗，每3周就要接受4轮这样的治疗。2015年12月，在接受治疗3个月后，卡特的大脑中已经没有黑色素瘤了。当然，这并不表明癌症已经彻底治愈，接下来他还要接受持续治疗，需要服用一种免疫治疗药物，为此每年要花费大约15万美元。

卡特比较幸运，他的大脑病变在早期被发现，而且病变部位也不是要命的地方，他所接受的放疗是通过电脑立体定位使射线精准聚焦肿瘤，不伤及周围的健康脑组织，使用的免疫治疗是通过药物调动人体的免疫系统，促使免疫细胞在人体各处长驱直入，识别并杀死癌细胞，防止癌细胞转移。

2.未来值得期待

卡特总统在91岁高龄时借助现代医疗技术转危为安，1岁的蕾拉通过 TALEN 基因编辑技术出现了生命转机。不积跬步无以至千里，不积小流无以成江海。经过一代代人的不懈努力，免疫学研究不断进步，这个领域产生了许多诺贝尔奖得主。人们期待看到更多的医学奇迹，期待免疫工程技术能把世人从糖尿病、红斑狼疮、艾滋病、癌症等不治之症中解救出来。

附录：与基因和免疫研究有关的诺贝尔奖得主

1901年，生理学或医学奖得主Emil Adolf von Behring，因为在血清治疗上的成就，尤其是用于治疗白喉。

1908年，生理学或医学奖得主Ilya Ilyich Mechnikov和Paul Ehrlich，因为提出"神奇子弹"的免疫系统观点，启发了现代靶向药物的开发。

1913年，生理学或医学奖得主Charles Robert Richet，因为对过敏性反应的研究。

1919年，生理学或医学奖得主Jules Bordet，因为在免疫学方面的发现。

1960年，生理学或医学奖得主Frank Macfarlane Burnet和Peter Brian Medawar，因为对获得性免疫耐受性的发现。

1972年，生理学或医学奖得主Gerald M. Edelman和Rodney R. Porter，因为发现抗体的化学结构。

1974年，生理学或医学奖得主Albert Claude, Christian de Duve和George E. Palade，因为对细胞结构和功能的发现。

1980年，生理学或医学奖得主Baruj Benacerraf, Jean Dausset和George D. Snell，因为发现细胞表面调节免疫反应的遗传结构。

1984年，生理学或医学奖得主Niels K. Jerne, Georges J.F. Köhler和César Milstein，因为提出免疫系统特异性理论，以及对单克隆抗体生产原理的发现。

1986年，生理学或医学奖得主Stanley Cohen和Rita Levi-Montalcini，因为发现生长因子，借此可以深入了解畸形、老年痴呆、伤口恢复时间长、肿瘤等疾病。

1987年，生理学或医学奖得主Susumu Tonegawa，因为发现抗体多样性的遗传原理。

1993 年，生理学或医学奖得主 Richard J. Roberts 和 Phillip A. Sharp，因为发现断裂基因。

1995 年，生理学或医学奖得主 Edward B. Lewis, Christiane Nüsslein-Volhard 和 Eric F. Wieschaus，因为发现早期胚胎发展中的基因作用。

1996 年，生理学或医学奖得主 Peter C. Doherty 和 Rolf M. Zinkernagel，因为发现特异性细胞介导免疫防御。

2001 年，生理学或医学奖得主 Leland Hartwell, Tim Hunt 和 Paul Nurse，因为发现决定细胞周期的基因。

2008 年，生理学或医学奖得主 Françoise Barré-Sinoussi 和 Luc Montagnier，因为发现人类免疫缺陷病毒，即艾滋病病毒。

2011 年，生理学或医学奖得主 Bruce A. Beutler 和 Jules A. Hoffmann，因为发现先天免疫激活。

2011 年，生理学或医学奖得主 Ralph M. Steinman，因为发现树状细胞及其在获得性免疫中的作用。

2012 年，化学奖得主 Robert J. Lefkowitz 和 Brian K. Kobilka，因为对 G 蛋白耦联受体的研究。

2012 年，生理学或医学奖得主 John B. Gurdon 和 Shinya Yamanaka，因为发现成熟细胞能重新回到多能性状态。

第二项　植物基因编辑技术

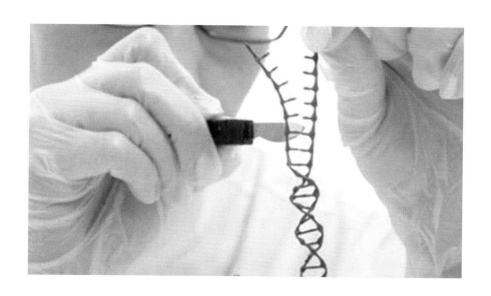

开场花絮：麦田守望者

那是一片黄土坡地，养育了一代又一代庄稼人。他们淳朴而豪放的性格就是在卖力干活儿和喜悦收获中自然形成的。近些年，干旱频繁，广种薄收，壮劳力者都去城里打工了，黄土地上留下来的都是老庄稼汉。

这年春末，张老汉蹲在地头，满是粗糙老茧的大手轻轻抚摸着麦穗，眼睛眯缝着，目光是那样专注。这一大片泛着金黄的麦地，过不了几天就可以收割了。老庄稼汉笑了。他心里想着一个人，盘算着收获后要带着麦子和其他庄户一起去感谢他。原来去年夏天，庄子里来了个科学家，他知道从贫瘠的土地里刨食的生活是多么不容易，他给庄子带来了新培育的麦种，还为村民们传授了新农业知识。他说要把这片黄土地变成希望的田野。

张老汉去年霜降前种下的就是科学家培育的麦种。这年又是个暖春，依旧旱得很，可张老汉一天也没为麦子担心过。他勤劳地施肥、除草、间苗，麦子按时地泛青、拔节、灌浆，眼看着从葱茏青翠出落得沉甸甸、金灿灿。

快晌午了，几个老庄稼汉聚拢在满是麦香和阳光的田埂上，他们吧嗒吧嗒抽着手捻的旱烟，你一言我一语地聊着："基因编辑的麦种特别抗旱""这与转基因麦种大不一样""城里人不接受转基因食品"。他们一个个巴望着初夏时节，娃儿们能从大城市回来，帮他们收割。他们想象着，娃儿们回来看到这一望无垠的金色麦地，会多么喜悦。

古人云：
锄禾日当午，
汗滴禾下土。
谁知盘中餐，
粒粒皆辛苦。

今个说：
锄禾日当午，
汗滴禾下土。
谁知盘中餐，
粒粒皆科技。

开场属虚构，要知实情，请看下文。

这里所说的植物基因编辑技术是 CRISPR，中文名是"成簇规律间隔短回文重复"。这名字太复杂了，令人纠结，连望文生义都很难。说这个名字就好像小和尚念经，嘴巴叽里咕噜地念，脑袋如坠云里雾中。对于"成簇规律间隔短回文重复"，我们还是揭开语言的面纱来一探究竟吧。既然这项技术得益于细菌，是受细菌启发产生的，那么我们就先来拜访一下细菌。

一、细菌的文武之道

1. 基因的重复排序，是在记录不能忘记的过去

早在 1987 年，日本的科研人员在研究细菌的基因排序时，就发现其中有重复排序的现象。到 1995 年，陆续有微生物学家发现很多细菌都有这种现象。2002 年，荷兰的大学研究人员索性给这种排序取了名，即 CRISPR。2005 年，又有科学家发现细菌基因里每两个重复排序之间的间隔部分与病毒的基因排序很像。2007 年，丹麦一家奶制品公司的科研人员对嗜热链球菌展开研究，这种细菌可以把牛奶中的乳糖发酵变成乳酸。科研人员同样发现了这种细菌里的基因重复排序，并确定细菌就是利用这种方式对抗病毒的。至于细菌究竟是怎样做到重复排序、抗击病毒的，当时还无法搞清楚。

在 25 年的时间里，人们一次次光顾细菌的"白虎堂"，试图一点点地了解那里的"军机大事"，到了 2012 年才终于搞明白。原来，细菌被病毒感染时，在与病毒的厮杀中，会在自己的基因排序里增加病毒的基因排序，自己的基因排序也因此被隔开，细菌就是凭借增加的病毒基因排序来识别今后再犯的同种病毒。为了验证细菌的本领有多大，研究人员尝试使用各种不同的噬菌体病毒来攻击它，结果发现细菌都能在

抵抗中给自己增加病毒的基因排序。

看来细菌的情商和智商都很高，它似乎知道吃一堑长一智的道理，也知道大意失荆州的故事。它深谋远虑，丝毫不敢高枕无忧，生怕病毒卷土重来，于是扯掉病毒的一段基因排序，放到自己的 DNA 中，必要时可以用来制作针对病毒的杀伤性武器，以保自己未来平安。

细菌每次与不同的病毒发生遭遇战，都会如法炮制，最后细菌的 DNA 中就有许多病毒基因排序，细菌的 CRISPR 会变得很长。目前最高纪录保持者是一种长在海藻上的微生物，它有 587 个病毒基因排序。想来这种细菌的生存实属不易，它曾与 587 种不同的病毒厮杀过，反击它们的进攻，为此身上留下了 587 处伤疤，伤痕累累。至于之后敌人是否再次侵犯，细菌又经历了多少后续战斗，人们则不得而知。

也许，发生在微观世界里的没有硝烟的战斗也可以"火药味"十足，异常激烈。病毒不是要侵扰细菌的 DNA 吗？好啊，来吧！细菌一不做二不休，早就在自己的 DNA 中预留了位置（就是那些间隔部分），专门用来展示病毒那将要支离破碎的基因排序，这是细菌的战利品，也是病毒付出的代价。可谓是：

> 待到秋来九月八，我花开后百花杀。
> 冲天香阵透长安，满城尽带黄金甲。

生活中有许多选择，关于人生大局的，关于大小欲望的，凡此种种，不胜枚举。比如，酒席上有一道香味四溢的松鼠桂鱼，大家会从鱼的哪个部位下手呢？想必每个人的眼睛都盯着鱼中段，心里都想着从那儿下筷子，夹上一大块，谁叫那里的肉又厚实又鲜美呢！细菌在与病毒斗法时也同样面临选择，到底应该扯掉病毒的哪段 DNA 呢？在这个问题上，细菌再次展现了它的古老智慧，它绝对不是眉毛胡子一把抓，而是做得很有章法。当病毒刚把长长的 DNA 探入细菌体内时，细菌马上就把最先伸入的部分扯断，并填充到自己的 DNA 排序中，它绝不会等到病毒的 DNA 全部侵入自己体内时才动手。下次病毒再犯时，只要刚露头，细菌内部就警报大作，迅速迎战，绝不给病毒任何喘息机会。

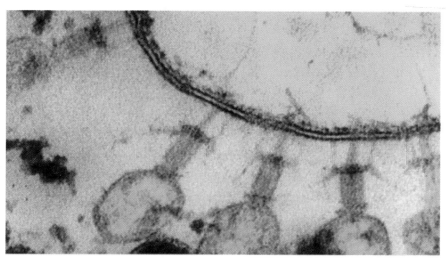

　　蓝色部分是病毒，黄色部分是细菌。病毒正在入侵细菌，把自己的 DNA 注入细菌中。

　　历史不是可有可无的，细菌在漫长的生命历程中，经历了一场场惨烈的较量，每次的病毒对手都很强大，细菌的胜利是在坚守中获得的，每段历史都要铭记。细菌用不断增加的病毒基因排序来展示它的奋斗史和斗争史，不仅是为了记住过去，还为了提醒自己，未来不能栽倒在同一个坑里。

　　其实可以用很多种方法想象细菌的本领。增加病毒基因排序就是警察到处张贴罪犯的画像，有了画像，大家就可以按图索骥追缉凶犯了。增加病毒基因排序就是安装 GPS 定位系统，可以用来轻松锁定目标。

2.RNA 深得亲传，成为带路向导

　　细菌在 DNA 中记录了过去，或者是张贴了罪犯画像，或者是安装了 GPS 定位系统，这仅仅是防御体系的第一步。要防止敌人再次祸害，细菌接下来会怎样做呢？它会召来 RNA，RNA 与 DNA 一样，也可以在自己身上罗列基因排序。DNA 有自己的职责，不能擅离岗位，于是它把那段历史亲传亲授给应召的 RNA，向它交代清楚过去发生的一切，仔细描述对手的特点，让它牢记在心，这个过程叫作"转录"。现在，RNA 就可

以担当向导的角色，成为专职的"向导 RNA"。

3. 核酸酶应召入伍，成为得力捕快

不入虎穴，焉得虎子。细菌在落实了向导的人选和任务后，还要在内部招募核酸酶。其实，一种名叫 Cas9 的核酸酶早就蹲守左右了，它会是细菌的得力捕快。小分队集结完毕后，小小的 RNA 向导就率领着 Cas9 捕快火速挺进前线。它们要准确找到病毒及其要害，这一路山高水长，也不总是一帆风顺。目标终于暴露后，Cas9 就会发起伏击，出其不意，攻其不备，以雷霆万钧之势给予响亮一击，剪断、捣毁病毒的 DNA。

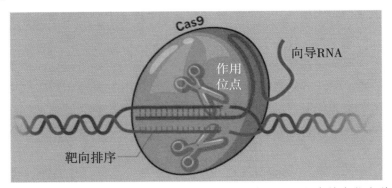

紫色红线是带路的向导 RNA；蓝色球是核酸酶 Cas9，它在特定位点剪断 DNA 排序。

如果把细菌复制病毒基因排序、亲传亲授 RNA 看作文道，那么它招募核酸酶来剿灭病毒就是武道。细菌就是凭着它的文武之道，时文时武，才灭了那张开血盆大口要吞噬它的病毒，得以生生不息。看来，人们肉眼看不到的微观世界绝不是风平浪静的，里面有侦探与反侦探的福尔摩斯故事，有进攻与反击的激烈战斗。如果作家能像科学家那样一睹为快，不知会写出多少惊心动魄的故事。

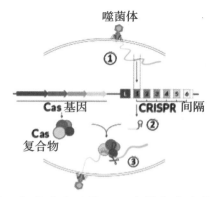

①病毒侵入细菌时，细菌在自己的 DNA 中增加病毒的一段基因排序。
②细菌把病毒的基因排序复制到 RNA 上，成为向导 RNA。
③病毒再犯时，向导 RNA 绑住病毒 DNA，核酸酶 Cas9 剪断病毒 DNA。

二、大自然是最好的老师

造访完细菌，领略了它的本领，现在再来看看那拗口的名字"成簇规律间隔短回文重复"，是否有点儿感觉了呢？历经多年，科研人员才算搞明白细菌的这个生存秘籍，如果不马上用起来，岂不是对不起各位前辈？于是，他们迅速采取拿来主义，向细菌学习，说不定心里还为没有早点儿发现大自然的这个秘密而隐隐作痛呢。2012 年，科研人员有模有样地学起了细菌的免疫方法，尝试进行基因编辑，这成了 CRISPR 基因编辑技术的开端。令人喜悦的是，这项前沿技术的领军人物竟然有年轻的华人科学家，他们是青年才俊，也是基因工程领域的风云人物。

1. 向细菌学裁剪

科研人员模仿细菌的方法，利用 RNA 与 Cas9，在准确位点剪断目标 DNA。但是科研人员并未止于此，他们根据情况有的放矢，要么在 DNA 的目标位点剪断单链，要么干脆剪断 DNA 的双链，彻底移除有问题的基因排序，如果再有必要，他们就会用新设计的基因排序来替代被剪掉部分的基因排序，这听起来像牙医的工作，拔完牙后再镶牙。科研人员还大胆尝试同时对多个基因进行编辑。总之，正如好文章是好编辑改出来的那样，细胞被编辑后，无论是 DNA 在悲伤之余把断裂处连接起来，还是不情愿地被增加一块材料，细胞已少了些许以前的特点，多了些新特点，有一种改头换面、焕然一新的感觉。

当人们还不知道可以向细菌学习时，在基因治疗中是用一个好的外来基因替代导致疾病的基因，也就是找到替身基因，但是如果外来基因进入细胞后落错地方，就有可能引发癌症。当人们从细菌身上学了一手后，只要对问题基因小修小补就可以了。剪掉基因序列中错误的部分，然后根据情况换上正确的排序，替换的基因排序在本体细胞的管控之下，这样细胞就不会出乱子。

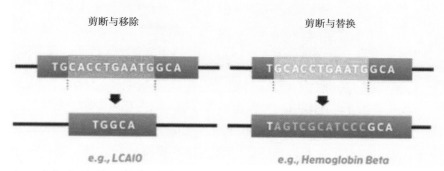

左：有问题的基因排序被剪断并移除。
右：有问题的基因排序被移除，新的基因排序被加入 DNA。

　　这就好比你有一件很合身时尚的衣服，但是一不小心被刮破了，如果不花钱买新的，你是找块类似色彩和材质的布料缝补一下呢，还是索性把姐姐的衣服拿来穿呢？穿姐姐的，你就不用缝自己的了，倒是挺省事。可问题是，姐姐的衣服已过时了，而且号码还偏大，你穿上感觉别别扭扭，浑身不自在。用一个没问题的外来基因替代一个有问题的基因就是如此，替代好了，问题就解决了；替代不好，还会出现新问题。当然，如果你手脚勤快，就可以做些缝缝补补的手工活儿，把衣服缝补修饰一下，或者花点儿小钱，请裁缝帮忙，最后衣服不但可以继续穿，而且是件好看的衣服。用正确的基因排序修复基因的错误部分也是如此，哪里有问题，就在哪里想办法，无须大动干戈。

2. 这项技术很"亲民"

　　从 2012 年问世开始，CRISPR 基因编辑技术仅仅发展了 4 年，却被麻省理工学院评为 2016 年全球技术突破之一。2016 年，盖尔德纳奖中有 5 个奖项颁给了 CRISPR 领域的研究人员。这不仅是因为人们又从大自然中学到了一招，还因为这招确实有厉害之处。

　　盖尔德纳基金会由加拿大人詹姆斯·盖尔德纳于 1957 年创建，基金来自他的个人捐赠。盖尔德纳奖表彰国际范围内对人类健康基础研究做出卓越贡献的人士，被誉为诺贝尔奖的前奏，每年颁发 7 个奖项，其中 5 个奖项授予生物医学研究领域，1 个奖项授予全球健康问题研究领域，1 个奖项授予加拿大的科学领袖。截至 2017 年已颁发了 350 个奖项，获奖人来自 15 个国家，有 84 位获奖人随后获得了诺贝尔奖。

　　CRISPR 技术刚出现时，大家还不太了解，以为它会异常"高冷"，只有技术达到骨灰级的人或出手阔绰的实验室才能操持。后来却发现它便宜好用，性价比极高，普通实验室也摆弄折腾得起，着实就是一个 DIY（自己动手做）技术。在基因编辑这个高深的领域，CRISPR 技术刮来了亲民之风，资金捉襟见肘却又想奋斗的技术草根们终于长舒一口气，不用再担心资金不足、实验设备简陋了，他们按捺不住兴奋和激情，也要攀登科技的珠穆朗玛峰，冲击科技的浪尖，品尝研究的快乐和成功的甘甜。

　　CRISPR 技术的出现就像一个分水岭，在此之前，有本事的就搞 TALEN 等技术，更多的人是对基因有想法，但苦于无法通过实验来验证。有了 CRISPR，基因研究领域的研究人员几乎都投身到实验中去了，也许原来是在咖啡馆里聊聊天才般的想法，现在倒好，都跑没影了，全钻进实验室去当"工匠"了，偶尔也许随便扒拉几口饭时，才交流几句独具匠心的收获。CRISPR 就像一把刚磨好的斧子，大家都赶紧用它，去砍自己的柴，去生自己的炉灶，去做自己的饭，去收获自己的成就。可谓是：

　　　　恰同学少年，风华正茂；
　　　　书生意气，挥斥方遒。

3. 技术发展永不停

　　无论是先来的 TALEN 技术还是后到的 CRISPR 技术，都具有识别和打击能力。它们都有一副好标配，就是一双慧眼外加一种好兵器。TALEN 技术和 CRISPR 技术用到的"好兵器"都是核酸酶，它就像锋利的剪刀，咔嚓一下，就把目标 DNA 拦腰剪断，让它链条分家。至于标配中的"慧眼"，TALEN 技术利用了蛋白质，CRISPR 技术则是利用基因排序。

如果非要一比高低，那就是 CRISPR 比 TALEN 便宜好用，但是在对付癌细胞时会出现脱靶现象，这可是很致命的问题。所以说，发展是硬道理，即使有了普惠科研人员的 CRISPR，科技发展依旧是时不我待、不进则退。

令人感动的是，科研人员一直在不懈努力。一分耕耘，一分收获。CRISPR 技术本身的研究过程就是这样的，虽然细菌启发了人们，可毕竟细菌对付的病毒是没有细胞核的，细菌的方法在人体细胞上能否奏效，之前谁也不知道。核酸酶 Cas9 是否能深入细胞核？是否能在 DNA 的特定位点剪切？为了解开谜团，科研人员可没少下功夫，熬夜，做实验，直到完成对老鼠细胞和人体细胞的基因编辑。

科研只有开始，没有结束。一个科研问题搞清楚了，下一个科研问题又会出现。科研人员掌握了 CRISPR 方法后，紧接着又把目光聚焦到了核酸酶身上，结果欣喜地发现，除了 Cas9 外，还有 Cpf1 等其他酶可以善加利用。

在生物体的纷繁世界里，有一个中心法则，那就是基因与蛋白质相对应，蛋白质与生命体的结构和功能相对应。生物体中的一个个基因就如同一个个开关，哪些基因打开，生物就表现出哪些特点；哪些基因关闭，生物就没有哪些特点。于是深谙此道的科研人员改造了 Cas9，让它不要打打杀杀，而是帮忙唤醒一些沉睡中的基因，打开它们的开关，因为需要它们发挥作用的时刻到了。Cas9 也可以堵在一些基因上，关闭这些基因，让它们闭上嘴，不再下达生产某些蛋白质的指令。

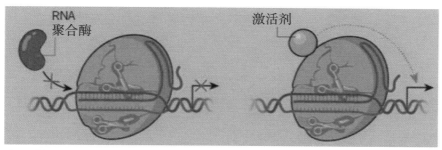

左：凋亡 Cas9 阻止 RNA 聚合酶接近 DNA，这就可以阻止某个基因下达指令。
右：激活蛋白附加在凋亡 Cas9 上，这就可以促使某个基因下达指令。

现在想来，科研人员似乎是不容易满足的一类人，他们有了一个发现，头脑里就会冒出一个新问题，然后继续追踪，直至找到答案，可此时又有问题浮现在脑海里了，如此绵延不断。所以，与其说他们是不容易满足的人，不如说他们是不断进取的人。如果你有幸近距离接触他们，观察他们"摆弄"基因编辑技术，也许会感觉他们既像科学家，又像工匠。他们在小小的细胞里面细细的 DNA 链条中的一段段基因上雕刻，他们的功夫下在肉眼看不见的微观世界，他们的精彩却体现在万千世界。可谓是：

天赋巧，刻出都非草草。
浪迹江湖今欲老，尽传生活好。
万物无非我造，异质殊形皆妙。
游刃不因心眼到，一时能事了。

三、希望之光在闪耀

　　越多的科研人员能够使用 CRISPR 技术，新发现出现的概率就越高，事情的确就这样发生了，也许这就是 CRISPR 技术问世才 4 年就金榜题名的原因。CRISPR 技术刚出现时，人们把它用在农业方面，以后随着越来越多的科研人员使用它，它也被用于医疗方面。

1. 用于农业保产量

（1）解决全球饥饿问题

　　人们发现运用 CRISPR 技术可以轻松改变植物的基因，使植物具备抗病虫害、耐旱等特性，还能提高农作物的产量。目前，人们已能用 CRISPR 技术编辑很多作物的基因，如拟南芥、烟草、高粱、稻米等。

　　面对地球上不断激增的人口，这个基因编辑技术太重要了，它也许能解决许多张嘴的吃饭问题。目前全球人口总数为 70 多亿，很多地区的人还无法解决温饱问题。据预测，2050 年地球人口总数会变成触目惊心的 100 亿。转基因食品应运而生，不过转基因食品因为存在致病风险而饱受争议。如果不增加粮食产量，不用安全方式增产，等到未来人口数量激增时，岂不是民有饥色、饿殍遍野？

（2）CRISPR 技术不是转基因

技术手段不同

　　基因编辑技术与转基因技术不同。转基因技术通常只做加法，不做减法，而基因编辑技术既做加法，也做减法。乍一听，好像"转基因同学"数学学得不怎么样，而"基因编辑同学"数学学得还行。何以见得？

　　转基因技术是在一种生物的基因中增加外来基因，这是来自另一种生物的基因。比如，把蜘蛛的有关基因注入羊的 DNA 中，羊奶中就可以提取出丝蛋白质，用来制作又轻又结实的丝线，用于工业和医疗。再比如，把水母的发光基因注入猪的 DNA 中，结果猪就可以发光了；把一种冷水鱼的抗寒基因注入西红柿的 DNA 中，结果西红柿就耐寒了，可以在冬天生长。"数学好"的 CRISPR 基因编辑技术则是在本体的基因上下功夫，要么剪断移除，要么剪断修复，修复时可以填加一段正确的基因排序，即使这个基因排序是外来的，也不会像转基因那样跨越物种，取自另一个物种。

转基因技术在引入外来基因时，不能靶向 DNA 的特定位点，外来基因与本体 DNA 的结合点是随机的。正因为如此，通过转基因技术改变生物特性需要做很多尝试，花很多时间。CRISPR 基因编辑技术则是靶向操作，针对 DNA 的特定位点，指哪儿打哪儿，虽然也会出现脱靶现象，但准确率比转基因技术高。

人们对转基因技术的安全问题，一直争议不断。有人认为，转基因食品的味道更好、更有营养，转基因农作物能抵挡虫害和干旱、产量高。但是，转基因也有问题。比如，一种细菌叫作"苏云金芽孢杆菌"，简称 Bt，它体内有一种可以产生毒素的基因。为了增强农作物抗虫害的能力，人们在农作物的 DNA 中加入了这种基因。起初，这种方法的确抵御了虫害，不需要大规模喷洒杀虫剂。但是后来，昆虫发生了变异，转基因的农作物抵挡不了变异后的昆虫，到头来，还要接着喷洒杀虫剂，而且需要更多更强的农药。可谓是：

> 当时只是望春回，不道春来愁共来。
> 于今最惜残春去，无奈春去愁偏住。
> 我愁不是为春愁，愁在阊阖十二楼。

既然外来基因与本体基因结合会产生问题，那么用设计的一段基因排序来修改本体基因的部分排序有危害吗？危害会有多大？目前，人们对基因编辑技术很看好，不过同时也持谨慎态度。英国科学家研究发现，被 CRISPR 技术改造的作物到了第二代就不再残存任何填加的基因排序。韩国汉城国立大学的研究人员则更是厉害，他们能使第一代作物就没有任何填加排序的残留。这些自然都是属于 CRISPR 技术的好消息。

法律上有区分

媒体报道了一些国家对待基因编辑技术的态度。例如，美国农业部已经明确表示，由 TALEN 基因编辑技术培育的玉米、土豆和大豆，由 CRISPR 技术培育的蘑菇、玉米不受有关转基因法律的限制；瑞典农业部明确表示，利用 CRISPR 基因编辑技术得到的某些植物不属于欧洲对转基因的定义范畴；阿根廷也明确表示，经过基因编辑的作物不受转基因法律制约。

虽然已经有法律把基因编辑的农作物与转基因作物做了区分，但是各国政府也丝毫不敢松懈。无论是一点点打开法律之门的美国，还是对吃的问题一贯秉持严格态度的欧洲，都开始对现有法律制度进行梳理，生怕出现差池。一面是日渐强大的农作物，一面是日渐严格的法律监管，这下人们的食物供应和安全有保障了吗？

（3）大伙儿都撸起了袖子

CRISPR 技术便宜好用，不受制于与转基因相关的法律规定，消费者对它没有对转基因的那种担忧，这么好的技术，谁不想赶紧拿过来用呢？

已经有很多大大小小的公司和实验室跃跃欲试，加入这个技术的研发应用行列。例如，美国杜邦公司已开始利用 CRISPR 技术对玉米、大豆、小麦、大米做基因改造实验。这些可都是关系国计民生的主要粮食作物，对于"杜邦"来说，它们似乎散发着诱人的钱味，而不仅仅是五谷的香味。"杜邦"研发起来非常卖力，期待着赶紧能卖 CRISPR 培育的种子。再如，中国利用 CRISPR 技术研发了抗菌小麦，还尝试提高大米的产量。又如，英国用这个技术对促使种子发芽的基因进行微调，尝试研发能抗旱的大麦品种，还尝试提高土豆、西红柿和其他作物的抗霉菌病能力。

闭上眼睛，想想未来，也许哪天你心情好，不想吃外卖，做了一顿饭来犒劳自己，主食是蒸米饭和煮玉米，下饭菜是西红柿炒土豆，会不会这顿饭其实都是出自 CRISPR 之手呢？

这顿饭的食材会不会都是出自 CRISPR 之手呢？

2. 用于医疗保生命

"有啥都不能有病，没啥都不能没钱"，这是人们对生活最简单质朴的憧憬。按照这个说法，人们的幸福指数排名依次是没病有钱、没病没钱、有病有钱、有病没钱。健康比金钱重要，这才是硬道理。谁都希望不生病，谁都希望生了病能治好。CRISPR 技术被尝试用于医疗是意料之中的事情。

(1) 小白鼠实验

用 CRISPR 技术治病救人，少不了先在小动物身上做实验。科研人员已经能用这项技术编辑很多动物的基因了，例如果蝇、蠕虫、老鼠，甚至是猴子。

就拿小白鼠来说吧。科研人员找出患有肌营养不良病的实验鼠，剪断了导致其患病的错误基因部分。接受这种治疗后，实验鼠的情况有所改善，只是在肌肉测试中的表现还比不上正常老鼠。看来，这种技术还是能给人们带来希望的，只是目前用于临床为时尚早。

关于肌营养不良病，这里多表几句。生物体内有抗肌肉萎缩蛋白，它可以增强并保护肌肉纤维，如果基因对这种蛋白的编码出了问题，那么生物体就会出现肌营养不良症，开始表现为肌肉无力，行动需要依赖轮椅，后来就发展为呼吸衰竭，需要依赖呼吸机，最后就没救了。如果今后 CRISPR 技术能解决这个问题，那么很多人就可以保住生命，正常生活了。

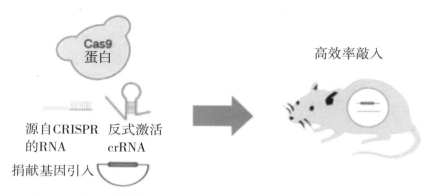

RNA 和 Cas9 靶向剪掉老鼠的部分基因排序，然后换上捐献的基因排序。

（2）那些重疾几时休

2016 年 10 月，四川华西医院尝试使用 CRISPR 技术治疗肺癌，这是全世界首个 CRISPR 临床应用，效果还有待观察。科学家还想用这种基因编辑技术治疗更多的疑难杂症，如囊性纤维化、帕金森病、自闭症、老年痴呆、精神分裂症等。

至于令人闻之色变的艾滋病，也许患者今后就有盼头了。这种病是由 HIV 造成的，HIV 感染 T 细胞时，会把自己的基因排序植入 T 细胞的 DNA 中，劫持 T 细胞来为自己生产病毒。经过 CRISPR 改造的 T 细胞很强大，可以剪断 HIV 的 DNA，浇灭它的嚣张气焰，防止它不停蔓延、肆虐人间。

不过，攻克 HIV 并非易如反掌。科研人员发现，即便用最先进的 CRISPR 技术来武装 T 细胞，也不能保证完胜，HIV 竟然会用基因突变来伪装，躲过 T 细胞的盘查。道高一尺，魔高一丈。既然 HIV 这么狡猾，科研人员就要有铁腕手段，要对 HIV 的多个基因同时发起 CRISPR 攻击，或者把 CRISPR 技术和抗艾滋病药的威力结合起来，两军联手，同仇敌忾。

总之，人类与 HIV 的斗争无法毕其功于一役，还需努力。

（3）奔跑在路上

目前，科学家在尝试利用 CRISPR 技术治疗人类疾病时，采用的方法是把细胞从病人体内取出，在体外进行基因编辑操作，然后植入病人身体。不过，这种方式改造的细胞存活率较低，今后将会在人体内直接进行基因编辑操作，尤其是用于治疗肌营养不良和囊性纤维化等许多疾病。

路曼曼其修远兮，吾将上下而求索。用 CRISPR 技术修复人类出错的基因还有漫长的路要走，非一朝一夕之力，很多科研人员殚精竭虑，为此付出宝贵的时间和精力，为伊消得人憔悴。让我们慷慨地为他们点赞吧。

四、不容小觑的问题

1. 技术问题

科学来不得半点儿马虎、半点儿虚假。是猜想的就是猜想的，是实验验证的就是实验验证的，是只有一次实验验证的就不是两次实验验证的。要想使CRISPR技术达到对病毒、癌细胞、问题基因招招毙命的效果，就需要科研人员对每个细节仔细审查，确保万无一失。

（1）一环扣一环

CRISPR技术实施起来，有瞄准、出击、修复三大环节，这就好比是渔夫撒网、猎户打猎、裁缝缝补的营生。哪个环节出现差池，整个技术就起不了作用，甚至还会出现不良后果。

漏网

科学家担心，如果用CRISPR技术对付病毒时出现差池，核酸酶未能分辨出病毒，那么病毒躲过检查后就会玩起基因突变，改变自己的基因排序，这种"整过容"的病毒以后就更不好对付了。

脱靶

如果核酸酶对有问题的DNA位点出手时出现脱靶，也就是剪错了地方，该剪的地方没剪，不该动手的地方动了剪子，那就可能导致基因突变，有的也许会导致癌症。这下就麻烦了，原本是利用基因编辑技术来治疗癌症等重疾，结果却导致癌症，是耶非耶？这就像烫手的热山芋，饿得皮包骨头还剩一口气的人是吃它呢，还是不吃？

想想看，无论是用哪种技术治病，无论是用哪种方法解决问题，谁都不希望摁了葫芦起了瓢。一个问题解决了，另一个问题又出现了，甚至是老问题没解决，新问题又出来了，这叫什么呀？就好比一个笑话里说的，从前有一个医生，自吹自擂包治驼背，他用两块木板前后夹住驼背，然后用脚使劲踹，结果驼背是直了，可病人也死了。

难补

虽然用 CRISPR 技术剪断基因或者剪除问题部分是容易的，但是修复被剪部分就并非如此了。用一段基因排序来修复被剪断的基因排序，这可不是缝缝补补的女红活儿那么简单，这可是堪比移植器官。作为"病人"的细胞需要经历一个修复适应过程，少了这个过程，被敲入的基因排序则是名存实亡。可问题是，只有细胞分裂时这个修复适应过程才活跃，而身体里的大多数细胞通常不分裂，这就等于拒绝修复、拒绝敲入、拒绝改变。

做衣容易改衣难，敲除容易敲入难。怎么办呢？要么想办法让细胞分裂起来，让修复适应过程活跃起来；要么想办法另辟蹊径，无须依赖细胞内部的这个修复过程。当然，如果只需敲除无须敲入就能解决问题，那是最好不过了。

（2）魔鬼在细节中

看过瞄准、出击、修复三个环节后，你是否发现 CRISPR 技术还有不少问题？人类还需三顾茅庐，再访细菌，甚至要探访病毒，详细询问每场战斗的细节。毕竟，这二位的亿年斗法就像一枚硬币，一面是细菌用 CRISPR 阵来压制病毒，另一面是病毒用破阵之法来攻城掠地。国家之间的军备竞赛也如此，你有导弹，我就有反导。想想看，细菌要绞杀病毒，病毒也不傻不呆，它尝过细菌阵法的厉害，吃了苦头，不会乖乖地束手就擒，一定会想办法，要么抵抗，要么逃命，也许还要乔装打扮，乘机蒙混过关，或许还有其他高招。CRISPR 技术的改进方法或许就藏在细节里。

加拿大多伦多大学、西部大学和美国加利福尼亚大学的研究人员已经开始探秘了，还发现了病毒的一些招数。比如，一些病毒大玩变形，导致细菌的 CRISPR 系统失灵；一些病毒则是利用自己的蛋白质来绑住

CRISPR，让它无法一展身手；一些病毒看到细菌耍起CRISPR来虎虎生威，索性师夷长技以制夷。

2016年12月，加利福尼亚大学的研究人员就发现，在大约300个被病毒感染的李斯特菌菌株中，一半以上的菌株含有至少一个蛋白质，可以阻止细菌的CRISPR杀伤系统，其中蛋白质Acr Ⅱ A2和 Acr Ⅱ A4有很强的反制能力。这个新发现带来了许多问题，如这些有反制能力的蛋白质如何产生，它们如何反制CRISPR，它们在人体细胞中将如何工作，是否还有其他能破阵的蛋白质。这个新发现也带来了希望之光，也许今后恼人的脱靶问题可控了，CRISPR这个黑科技终将发挥起死回生之力。

2. 道德问题

道生一，一生二，二生三，三生万物。如果把人类向细菌学习CRISPR技术看成"道生一"的过程，那么科学家之后的应用就是"一生二，二生三"的过程。CRISPR技术简单方便，原来不能做的实验现在迎刃而解了；人类有25000～30000个基因，共有30亿个碱基对，理论上这些都可成为剪切的位点；越来越多的人投入到基因研究。在这样的条件下，CRISPR技术最后会被演义成什么样？万一有人把它用歪了呢？万一有人对某个物种发起"独狼式"袭击呢？万一有人在不同物种之间进行基因编辑呢？万一有人搞出来什么怪物呢？

（1）灭绝物种
快刀斩蚊子

疟疾、登革热、寨卡病毒的危害很大，蚊子是主要的传播途径，是罪魁祸首。人们一直在争论是不是应该消灭蚊子，让这作恶多端的嗜血鬼从地球上彻底消失。其实理论上是可行的，用CRISPR技术可以使蚊子体内产生一种酶，这种酶快刀斩乱麻，专杀蚊子精液中的X染色体，切断其中的DNA。把改造过的蚊子释放到大自然中，让它们去"祸害"其他正常蚊子。这下就有好戏了，蚊子以后只有雄性后代了。逐渐地，雄性蚊子越来越多，雄多雌少的性别失衡问题不断演进，直至蚊子这个种群从生态系统中完全消失。蚊子是被CRISPR，也是被人类斩草除根的。

如果恼人的蚊子能被消灭，那是不是也可以同样消灭苍蝇和蟑螂呢？这些害虫实在是太令人恶心了。

反对声很有道理

质疑声不断出现。人类有权利消灭其他物种吗？难道只要对人有害，就一定要除之而后快吗？难道就不能求同存异吗？大自然创造了万物，人类有权利推翻了重来吗？

人类从细菌身上学到了 CRISPR 技术，会不会蚊子身上也有什么秘密武器，人类还没有发现并为己所用，结果就当了"灭绝师太"呢？从细菌身上学到了 CRISPR 技术，这是大自然给予人类的馈赠，难道人类现在可以用大自然的馈赠来改变大自然吗？

假如某种农作物经过 CRISPR 基因编辑后，具有了抵抗昆虫的能力，昆虫逐渐减少或灭绝，以昆虫为食的鸟类就要挨饿，食物链上的生物会一个一个受到影响。这个多米诺骨牌被推倒后，谁知道最后整个生态系统会变成什么样？不会"感时花溅泪"吧？不会"日瘦气惨凄，但对狐与狸"吧？会不会连人类自己最后也受到了惩罚，成了"存者无消息，死者为尘泥"，一派凄凄惨惨戚戚？

拥有基因编辑技术后，人们是应该无为还是有为？应该怎样有为呢？当技术发展一路高歌猛进走向革命性突破时，总会不可避免地引发有关社会、伦理和哲学的大讨论，涤荡人们的心灵。奔跑在路上，有时也需要停下来歇歇脚，思考一下前面的方向，想清楚了再跑，这样才不枉费工夫。

（2）改变物种

千万别这样

虽然 CRISPR 技术与转基因技术不同，不是把外来基因随机加入生物的 DNA 中，而是在剪切掉某个基因的部分排序后填加一段设计的基因排序，但是如果剪切发生脱靶，导入的基因排序就会落错位置，导致基因突变。这个问题通过遗传代代相传，以后这个物种会变得怎样无法预料。这种风险与转基因能有多少区别呢？

如果种子公司用基因编辑技术使种子不具有繁殖能力，一旦这些种子被种植，农民以后就没有育种的种子了，每年种地前要从种子公司购买，结果是肥了种子公司，坑了种地农民，最后也殃及每张吃饭的嘴。农民手里没了种子，就和没了土地一样，无法踏踏实实过安生日子。种子不再来自土地，而是来自实验室，人吃了这样的种子或作物会怎样？这些结果与转基因又有多少区别呢？

人们发现烟草可以有很多用途，除了满足瘾君子的吞云吐雾外，还可以提炼出化合物用来治病。可是如果有人用 CRISPR 技术让烟草变得耐受恶劣环境，让烟草产量提高，就为了最终生产香烟赚钱，这又算何德何能呢？

不试改变人种，试图救死扶伤

科学家已经对成人细胞和动物细胞进行了 CRISPR 基因编辑技术实验。2015 年 4 月，国内科研人员发表文章，公布了对人类胚胎细胞进行基因编辑的实验结果。他们用 CRISPR 方法编辑血红蛋白 ZT 的基因，尝试寻找防治 ZT 地中海贫血的方法。不过，由于国内外争议不小，而且实验结果不算理想，最后科研小组停止了实验。

科研小组实验用的胚胎来自当地的生殖医院，本来是做试管婴儿用的，但是由于染色体存在问题，因此不能再用。科研人员对 86 个胚胎进行了实验，结果 71 个存活，对其中 54 个进行基因检测，发现只有 28 个准确剪切，这其中仅有 4 个融合了替代的基因材料。科研人员对这个实验结果显然不满意，也意识到用 CRISPR 技术来编辑人类胚胎细胞尚不成熟。

科研人员还发现脱靶造成了一些基因突变，而且这种情况还不是个例。这个问题比较要命，因为胚胎细胞里发生的基因突变，以后是可以遗传的，会代代相传。其实在用 CRISPR 技术对老鼠细胞和成人细胞进行基因编辑时，也发生过同样情况，但是发生率相对较低。更何况，研究人员只检测了 54 个胚胎，并且只检测了这些胚胎的部分基因，而不是整个基因组。如果扩大检测范围，也许会发现更多的基因突变。事实胜于雄辩，研究小组最终决定还是用成人细胞或动物细胞来研究，研究如何减少脱靶变异，如何提高成功率。

也许，CRISPR 技术太有诱惑力，在人类胚胎细胞上做文章宛如"螺蚶壳里做道场"，很是吊人胃口，结果国内的CRISPR研究搞得远近闻名。2016年4月，国内又有其他科研人员对外宣布，他们动用了CRISPR技术，瞄准人类胚胎细胞。准确地说，这次用的是不能正常发育的受精卵，共213个，都是从辅助生殖医院获得，由87个志愿者捐献。这次的研究目标是尝试通过编辑基因使胚胎细胞获得抵抗HIV的能力。这听起来绝对是个大快人心的好消息，可是天不遂人愿，实验结果不理想，只有26个靶向成功，其中只有4个编辑成功，其他的则大多出现了预料外的突变，也就意味着基因编辑时出现了大量脱靶。

两个不同的研究小组都出现了严重脱靶，说明CRISPR技术应用还有问题，基因工程研究还很复杂，会有很多估计不足的状况。两个实验结果都不尽如人意，是因为使用的是不正常胚胎细胞吗？如果使用正常的胚胎细胞，会怎样呢？实在是不好说。在这个领域，没有一手的实验，说什么也白搭。

似乎什么都阻挡不了人们的好奇心，国外的科研人员也开始出手了，他们想解开有关人类胚胎干细胞的谜团。2016年9月，瑞典的科研人员尝试用CRISPR技术对健康的人体胚胎细胞进行基因编辑，试图弄清楚胚胎细胞中的基因分别有什么功能、胚胎基因怎样影响胚胎的早期发育，期待为治疗不孕不育症和预防流产找到新办法。

实验用的5个胚胎来自辅助生殖医院，由接受试管婴儿手术的夫妇捐献。这些胚胎才形成2天，经冷冻保存，解冻后有4个存活下来。每个胚胎有4个细胞，科研人员给每个胚胎中的一个细胞注射CRISPR-CAS9。1个胚胎在注射时严重受损，其余3个胚胎存活下来，其中1个在注射后很快就发生了细胞分裂。当然，这只是瑞典科研人员的部分实验，人们热切等待着他们的所有实验结果和研究发现。

也许，你已注意到，无论是基因研究领域的专业人员，还是普通的门外汉，都对在人类胚胎细胞上动用CRISPR技术充满好奇。无论科研人员在世界的哪个角落开工，全球都屏息凝视。毕竟这已不仅仅是科学研究的范畴了，而是跨越到了道德和社会的领域。谁不希望自己的后代或人类的后代更强大呢？可是万一——不小心人种发生了改变，人类社会将大乱吗？更何况目前技术还不尽如人意，万一造出了问题人种，那可如何是好？

也许 CRISPR 技术就是一艘巨轮，它引领人们深入海洋腹地，可是雾锁汪洋，东西难辨，万一巨轮把人们带入万丈深渊……可谓是：

> 雾失楼台，月迷津渡。
> 桃源望断无寻处。
> 可堪孤馆闭春寒，杜鹃声里斜阳暮。

3. 法律问题

人们已经开始在 CRISPR 之路上奔跑了，可是跑得太快就会遗漏一些问题，跑得太快就没有时间思考一些问题。一些国家已经有所行动了，一些有责任感的科学家也开始考虑 CRISPR 技术的使用边界问题，开始考虑拟定行动准则。

（1）参差不齐的规定

在人类细胞基因改造这个问题上，为了谨慎起见，一些国家或多或少立了些规矩，只是角度不一，各有差别。一些国家明令禁止或限制，违反规定属于犯罪；而一些国家只有指导性规定，缺乏法律执行力。例如：

- 美国不禁止基因编辑，临床应用需要经过审批，但是不允许使用联邦资金进行人类胚胎细胞改造。
- 阿根廷明令禁止生殖性克隆，对人类细胞基因编辑研究没有明确的法律规定。
- 英国允许人类细胞基因编辑研究，但是禁止临床使用，严格限制对人类胚胎的研究。
- 德国对辅助生殖中使用胚胎细胞有严格的法律规定，对人类胚胎细胞研究有限制，违反规定属于犯罪。
- 中国、日本、印度和爱尔兰在指导性规定中对人类胚胎细胞研究有限制。
- 瑞典允许用 CRISPR 技术对人类胚胎细胞进行科学研究。

各国的法律规定参差不齐，就好像高高低低的路面，有人是深一脚地走，有人则是浅一脚地走。更有那宽松的法律，恰似一个洼地，不知又将汇拢来什么人、什么事，是终成了价值洼地，还是演变为是非之地。

（2）边界在哪里

无论各国的法律怎样千差万别，一个不争的事实就是基因如同生命的基石，编辑人类胚胎基因就如同改造人类，就好像人类是产品，可以在工厂加工定做。于是这就牵扯出了伦理道德问题，成了一件天大的事情。如果一意孤行，就会冒天下之大不韪，跨越基因编辑技术的边界。

那么边界在哪里？目前，一条明确的边界就是胚胎研究方面的一条国际规则，即"14日规则"。按照这条规则，对胚胎的研究只能锁定在胚胎发育的前两个星期，也就是原条出现之前。所谓的原条是由细胞连接形成的一条模糊线，它的出现表明胚胎从头部到尾部的轴线开始形成，而这是中枢神经系统发展的前兆，生物意义上的个体从此开始了生命发展历程。胚胎研究限制在这个期限内，既考虑到科学研究的需要，不禁止对人类胚胎细胞的研究，又顾及各种道德隐忧，对生物意义上的生命个体表示尊重。

"14日规则"最初由美国在1979年提出，英国于1984年予以采纳，美国则是在1994年采纳，之后一些国家在规范辅助生殖和胚胎研究时也采纳了这个标准，甚至干细胞研究国际协会也采纳该规则。"14日规则"有清晰的时间点，有利于法律执行。

一直以来，各国科研人员在实验中很难使胚胎存活超过7天，但是随着技术进步，2016年已经有科研人员能够使胚胎存活到13天，甚至也许可以更长。但是因为受到"14日规则"的限制，只好在规定时间终止研究。于是质疑之声出现了，2016年12月，有关人类胚胎研究的伦理问题研讨会在伦敦大学学院举行，有学者提出了延长"14日规则"的建议。也许，今后少不了轮番的唇枪舌剑，科技发展和道德忧患又要经历一次艰难的再平衡。

第三项　语音识别与互动技术

开场花絮：贴心小秘

小张这几天忙着赶写方案，没吃好没睡好，人很疲惫，却也不敢丝毫马虎。这天，他正对着电脑苦思冥想时，小秘开腔了。

"主人，您好，打扰一下，我刚搜索到一条新消息，本周末海淀剧场将上映电影《百变的 3D 打印》。您不是喜欢高科技吗？估计这部电影您会喜欢，您看是否需要预订电影票？"小秘的声音轻轻柔柔，好似一曲轻音乐，也好似一股清泉，听起来就解乏。

小张连日来紧绷的神经终于松弛了一下，"太好了，我很感兴趣，帮我预订周日晚上的票吧，最好时间在 6 点到 7 点之间，两张票。谢谢。"

不到 1 分钟的工夫，小秘高兴地说："主人，预订好了，海淀剧院，9 月 1 日晚上 6：10，两张票，您通常选的座位，中间一排的中间两座。"

小张伸了个懒腰，正想道声谢，小秘又细语绵绵："对了，主人，电影院附近的那家饺子馆您以前去过几次，您想看电影前在那儿用餐吗？"

好个贴心小秘，小张乐不可支地说："行，看完电影我再去吃饺子吧，你算一下电影散场的时间来预订吧。对了，我还要吃那种素馅的，半斤吧。谢谢。"

接下来，小秘轻松搞定了主人的指令，汇报了工作，得到了主人的首肯，然后就轻轻地消失了，真是来也匆匆，去也匆匆。小张则是心情愉悦，继续埋头苦干。

古人云：
今夕何夕，
见此良人。
子兮子兮，
如此良人何！

今个说：
今夕何夕，
见此小秘。
子兮子兮，
如此小秘何！

古人又云：
人之相识，
贵在相知，
人之相知，
贵在知心。

今个又说：
人机相识，
贵在相知，
人机相知，
贵在知心。

开场属虚构，要知实情，请看下文。

一、语音识别技术

1. 回望过去，那么单纯

　　人与人交流，只要不涉及外语，就可以如流水般顺顺当当。可是，人与电脑能交流吗？电脑就是冷冰冰的机器，与它怎么交流啊？对牛弹琴都已惹得古今耻笑，更无消说这个了。不过，科研人员就是敢想敢做，锐意进取，他们就是要让电脑能听懂人话，能应声作答，于是就有了震撼的语音识别技术。

　　语音识别技术最初在 20 世纪 50 年代就出现了。1952 年，美国贝尔实验室就设计了一个名叫"奥黛丽"的系统。名字很是阳春白雪，再加上可以听懂数字，那时的"奥黛丽"算得上冰雪聪明了。1962 年，在世界博览会上，美国 IBM 公司展示了一款设备，名叫"鞋盒"。"鞋盒"不装鞋子，却可以识别语音，可以做数学题。只是，它只能听懂 16 个英语单词，其中包括从 0 到 9 的 10 个数字。并且它只能做简单数学题，比如"4+5 等于多少"。虽然这些题连现在的学前儿童都难不倒，可这在当时已经很是高大上了。"鞋盒"里也是有些玄机的，要想让它开动脑筋做算术题，人就要对着麦克风说话，麦克风把声音转成电脉冲，然后由测量电路来处理电脉冲信号，接着由中继系统启动加法机，最后由加法机来计算并打印结果。如此看来，那只"鞋盒"就像"一根筋"，有简单的脑子，没有可以开口说话的嘴，名字还比"奥黛丽"土气了不少。

"鞋盒"可以识别语音，与加法机连接可以做算术题。

2. 来看今朝，百度厉害

之后的年月里，世界各地的科研人员都在研究语音识别技术，进步时时有，或多或少，或大或小。只是现在，在人工智能、机器学习、网络、信息搜索、大数据、云计算、智能手机等许多技术齐头并进的今天，百度算是赶上了好时候，一飞冲天了，它的语音识别和互动技术已有了突破式的发展，大家有目共睹。

百度有两个技术团队作为坚强后盾，一个在北京，另一个在美国硅谷。2014 年 12 月，百度硅谷实验室开发出了语音识别系统，取名为"深度语言"。2015 年 11 月，这个实验室又锦上添花，开发了更为强大的语音识别系统，取名为"深度语言 2"。

百度的硅谷团队很是可圈可点，团队成员基本对汉语一窍不通，既不懂普通话，也不会任何中国方言，可就是这群人开发了能识别中文的语音识别系统。想想看，中文是音形不同步的语言，发音与书写是两码事，不像英语、法语、西班牙语等诸多语种，根据发音就可以写得八九不离十。百度是怎样攻关的呢？难道语言可以像机器一样被剖析、拆成零件再组装？

更厉害的是，百度的语音识别系统就像一个超级语言大师，还能识别其他语言，只要先给它足够的某种语言范例，它就开始自学，直至掌握，速度和效果令学霸们汗颜。这不是在抢翻译的饭碗吗？以后还会有翻译这个职业吗？也许以后人们学外语仅仅是出于个人的兴趣爱好。

3. 依旧前行，没有止境

（1）总有听错的时候

语音识别技术，听者惬意，钻者辛苦。说起来语言交流也是项复杂的工作，双方不仅仅要听清楚字句，明白意思，还要领会语气语调，揣摩言下之意。软件程序能逻辑计算，但能对付得了掺杂了情感和情绪的语言吗？如果话中夹枪带棒，话中有话，一语双关，语音识别系统能识别吗？

暂且不说那么难的，单就听清楚字句来说，如果语音识别错误，就算不闹出麻烦，也要闹出笑话。比如，你明明说的是"要弘扬发展武术"，却被语音识别成"要弘扬发展巫术"；你明明说的是"我在脸上涂了点儿芦荟"，却被语音识别成"我在脸上涂了点儿炉灰"，令人哭笑不得。是该你检讨自己的发音呢，还是该软件系统检讨自己的能力呢？

语音识别技术还在前进的路上。不过，话又说回来了，语音识别要做到百分百准确，确实困难。两个人聊天，有时还会听错或听不明白。先不说中文有那么多方言，大家说起普通话都带着不同的口音。就单说个人吧，情形不同，同样的话说出来就不一样。比如，一个人正火冒三丈在气头上，或病恹恹没力气，那说出来的话可能就走形了，就不是通常的发音，没准儿连家里人都感觉有点儿难辨呢。再如，小孩子的发音与成年人不完全一样，有时连家长也搞不清楚。语言的各种复杂情况，语音识别技术哪能完全应付得了？

（2）当周围冒出声音时

语音识别还有一个不易之处。如果你正对着机器（电脑、手机等）说话，可周围有噪声，如有人在高声喧哗，有人在听广播，有人在敲敲打打，那么机器就糊涂了，原本能识别的语言也识别不出来了，还说不定把你说的话和周围环境中冒出来的话全都搅到一起，一股脑识别出来，最后不伦不类。周围噪声干扰问题也是科研人员不断努力改进的地方。

二、语音助手

1. 各家小秘

问题归问题，这并不妨碍语音识别技术为人服务，毕竟它使人可以与机器交流，这还是蛮厉害的。语音识别技术发展到这种程度，也该轮到语音助手出场了。

2015 年，百度凭借自己开发的语音识别技术推出了一个语音助手，美其名曰"度秘"，大概是"百度小秘"的简称。"度秘"的英文名是Duer，音译"度儿"，意译"度人"，无论怎么译，名字似乎都散发着人文、亲切、责任的气息。"度秘"实际就是软件程序，是虚拟助手，要模样没模样，却兢兢业业，让每个用户体验一把当老板的感觉。手机用户只要安装"度秘"App，就可以对着它发号施令，让它跑前忙后，感觉自己很有范儿。

为了拉近"度秘"与用户的距离，增加亲切感，百度还推出了"度秘"机器人，算是给了"度秘"一个皮囊，它一下子就具象化了，看起来就像美国电影《机器人总动员》中的伊娃，那个令经历了百年孤独的瓦力爱上的伊娃。

"度秘"性格随意，不设什么限制，不强求用户一定要说什么、不能说什么，用户只要按照自己的语言习惯说话就行。你是一个幽默的人，就可以用幽默的方式问它。你是一个严肃的人，就可以用平实的方式问它。有了这种说话的自由，用户对着机器说话时，就好像对面是一个大活人。

除了百度外，其实很多大牌企业都很看重语音识别技术，纷纷出招，为人们开启语音助手的生活模式，打造人人有小秘、家家有小秘的美好未来。例如，苹果有 Siri，微软有 Cortana（昵称"小娜"），谷歌有Google Now，这些语音助手都可安装在智能手机上，帮助人们查找信息、播放音乐、购物等。这些虚拟小秘，你看不见它们，它们却时刻陪伴着你，时刻准备着为你服务。

百度的"度秘"机器人，使虚拟助手具象化了。

2. 帮你做啥

（1）生活上的得力帮手

"度秘"App 在手，心慌减少、喜悦增加，因为它可以帮你查询电影放映信息、买电影票、叫外卖、预订饭店餐桌、查询哪家饭店允许带宠物狗等。"度秘"帮你解决吃饭、娱乐等生活问题，也许分身乏术的现代人真的需要这个小秘。

"度秘"机器人可以用于不同场合，发挥不同作用。比如，可以当商场导购，欢迎顾客大驾光临，回答顾客购物咨询。再如，如果"度秘"今后与家用电器结合，那么只要你发指令，电器就得令干活儿，电饭煲开始煲粥，吸尘器开始打扫卫生，洗衣机开始洗衣……一派繁忙，你悠闲自得，多么甜蜜的生活。不过，一寸光阴一寸金，你还是把节省出来的时间用来学习或陪陪家人吧，这样的生活更甜蜜。

人发问、机器回答，这是现在的语音助手模式，这种模式难免有些被动。未来是否可以换一副模样，由语音助手主动发起对话，主动嘘寒问暖，主动关心主人？比如，语音助手日积月累主人的衣食住行数据，知道了主人的各种喜好，又知道哪里可以满足主人的喜好，于是主动告诉主人，不让主人错过机会，这多令人惬意啊。

（2）精神上的快乐陪伴

"度秘"不仅可以帮忙查找信息，还可以满足人的情感需求。它可以给你讲笑话，博你一笑，还可以为你写诗，陪你聊天，满足不同口味。当你宅在家时，完全不用担心自己几天不说一句话，有了无所不知的语音助手陪伴左右，你就可以喋喋不休，滔滔不绝，想说什么就说什么，想说多长时间就说多长时间，你和语音助手你一言、我一语，谈天说地，说个没够。谁叫它精力旺盛，上知天文、下知地理呢？

语音助手是否像人一样，也有不同的性格？粗犷豪放型，还是温婉细腻型？你与它神侃时，把它当作另外一个人，而不是机器或程序，你向它诉说心中的秘密，喜悦也好，伤心也罢，期待它能像挚友或闺密，祝福你或安慰你，你还希望它性格好、脾气好，即便解决不了你的问题，但至少可以用它的幽默和体贴来化解你的烦恼。谁也不希望因为性格差异，你与它大吵一架，你生了一肚子气。

也许以后可以给语音助手多设置一个本领，那就是"心理安慰"，把高级心理咨询师的本领都授予它。当人们受到打击而心情低落时，或者当人们做错了事而内心不安时，就可以把一肚子的话倒给它，不是把它当成"垃圾桶"，而是希望它能像中世纪教堂里的牧师那样，耐心倾听，然后给予指点。

人们的需求是多样的，"度秘"还在不断锤炼中，不过它的性格还算讨巧，会让你拿它没办法，一笑而过。比如，如果你对它的回答不满意，对它说"你的信息有错误"，它会谦虚地说："指出来！有则改之，无则加勉！"如果你对它说"你的回答牛头不对马嘴"，它会言之凿凿"是驴唇不对马嘴"，如果你接着说"你的回答驴唇不对马嘴"，它又有词儿了："驴嘴都会歪的，还马嘴呢。"如果它问你的名字，你不告诉它，它会服软说"好吧，那你行行好，告诉我一下好不好"，如果你还是坚持不告诉它，它就会像小孩一样缠着你"我好想知道啊，你就告诉我嘛，好不好嘛"，直到最后你把它惹急了，它不高兴了，丢下一句"不说就不说，反正说了也是白说"。除了忍俊不禁，觉得它就是"最喜小儿无赖，村头卧剥莲蓬"中的小无赖，你还会怎样呢？

（3）工作学习的良师益友

语音识别技术可以把语音转成文本，如果哪位作家用手写作有问题，那就可以直接用嘴写作，就像口述那样。速记这个职业看来是没戏了。外语学习也会受益于这个技术，学生可以把自己说的外语句子用语音识别记录下来。其实有些翻译App就是先利用语音识别技术把语音转成文本，然后把文本翻译成外语，最后把外语文本转成语音。微软和苹果公司都在各自的操作系统中纳入了语音识别技术，这些都可用作工作学习手段。

语音识别方便了人们，让人们用说话来写作、记事，只动嘴皮子，不动手指头，那以后人们会不会更要提笔忘字，甚至不会写字了？会不会以后写字都是机器的事情，人成了有思想的文盲？以后人们写字仅仅是为了练习书法？

再说说语音助手，它肚有乾坤、腹有诗书。既然那么厉害，那最好帮助人们来提升一下文化素养。"度秘"就很擅长藏头诗，而且写得非常快。只要你说几个字，它马上就演绎出一首藏头诗。比如，你说"我工作很忙"，"度秘"就为你写诗："我心自有待，工笔岂无因，作诗今何在，很久不见人，忙耕三亩地。"能把白开水般的大白话变成这首有滋有味的诗，"度秘"也算是功夫了得，估计李白、杜甫、白居易等数不完的历代文人墨客都恨生不逢时，恨不能相见吧！还是庆幸我们生活在这个年代吧，新技术不断涌现，滚滚而来，我们不用哀叹"我生君未生，君生我已老，我恨君生迟，君恨我生早"。

"度秘"写诗那么厉害，以后能有这样的场景吗？雨过天晴，你到池边嬉戏玩耍，看着绿意盈盈的荷叶和粉嫩摇曳的荷花，摇头晃脑说道："毕竟西湖六月中，风光不与四时同。接天莲叶无穷碧，映日荷花别样红。"一副大诗人派头。当你正得意时，语音助手却浅吟低唱："西湖澹澹荡轻舟，湖水粼粼波逐浪。风雨一犁风云水，景风十里水月光。"

你背诵的是宋朝诗人杨万里的诗句，语音助手是自创佳句。你和语音助手，谁比谁厉害呢？还是让它来激发你的灵感吧。

　　语音助手在生活、工作和学习上帮助人们，给人们带来快乐，用户和语音助手调侃得不亦乐乎，谁还会去纳闷儿机器怎么能与人交流这个问题？这个问题早被抛到九霄云外了。大家很快乐地沉浸于其中，好似"山中无甲子，寒尽不知年"。

三、技术叠加效应

语音识别和互动技术不是一个独立的技术，而是许多不同技术的有机累加。众多技术齐上阵，共同托举，它才冲将出来。

1. 人工神经网络

人工神经网络就是一群相互连接又多层分布的人工神经元，它可以利用数学模型或计算模型来加工信息。百度开发的"深度语言2"就是一个精密的人工神经网络，里面有运算法，一个运算法就是完成一项任务的一系列步骤，语音识别软件系统通过运算，就能找到语音所对应的单词。

要想让语音助手更加厉害，就要让它的人工神经网络更加精密，就要给它提供更好的算法。2016年，英国利物浦大学开发了一套算法，用来提高电脑理解人类语言的能力。有了这套算法，当电脑与人进行语音互动时，如果遇到不懂的单词，它就可以查词典，搞明白这个生词的意思和用法。看来，人可以仿生，电脑可以仿人。

神经网络，无论是人脑的，还是电脑的，都是人机对话的物质基础。有科学家关注电脑的神经网络，也有科学家关注人的神经网络。人的语言是在大脑皮层产生的，语言在大脑皮层加工时，人脑就会产生电波。2015年，德国和美国的科研人员尝试在志愿者的大脑皮层连接电极，用来记录脑电波，然后再把脑电波转成语言文本，这就是大脑活动转文本的技术。你不用开口说话，只要你思考，你的想法就被转成文本，成为公开的秘密。

这听起来很厉害，甚至有点儿吓人，可目前并不能实际应用，因为需要把电极植入大脑皮层。那些参加实验的志愿者是癫痫症患者，本来是为了治疗而在大脑皮层植入了电极，所以志愿顺带参加了上述科学试验。不管怎样，对人的脑神经网络知道得越多，才会复制出更接近人脑的人工神经网络。

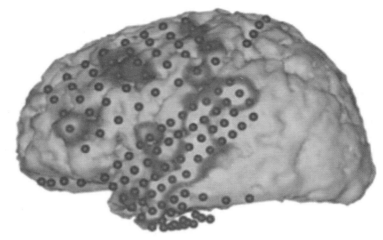

将电极植入大脑皮层，记录大脑活动，大脑活动可被转成文本。

2. 机器学习

语音识别功夫不是一朝一夕就有的，机器要明白人类语言，要对答如流，就需要"书山有路勤为径"的那股劲儿，需要机器自己来学习，不断总结，不断进步。

机器学习？从来都是人学习，难道机器也能学习？实践证明，机器可以学得比人还快、还好、还多，绝对是高才生。当然，所谓的机器是指电脑、程序、人工智能。实践证明，只要事先培训一下，只要有足够的数据信息，机器就能自学，类比、归纳、演绎，样样都行，知识水平不断提升，酷似高级知识分子。神一般的"阿尔法狗"就是靠机器学习，不断强化对围棋的运用，最后把人变成手下败将的。机器学习已不是问题。问题似乎是，机器学习是让人喜悦，还是令人抓狂？

机器学习识别语音主要有两种方法。一种方法是由人来训练电脑，人确定单词和发音之间的规律，然后让电脑强化认识这个规律。比如，人发声时，声带振动，产生声音频率，如果峰值在 750 赫兹到 1200 赫兹之间，那么这个音就很可能是 a。人将这些规律总结出来后教给电脑。

使用这种方法，人会比较辛苦，因为有太多的单词需要找出规律。另一种方法是给电脑输入大量的语音材料，让它自己掌握发音规律。比如，通过分析语音材料，电脑就可以发现哪些音出现的频率比较高，哪些音出现的频率比较低。与第一种方法相比，这种方法效率高，可以处理大量的语音数据，从中找出发音规律。如果把第一种方法看作文火慢炖式、教导式，那么第二种方法就是粗放式、大撒把式，也叫作"深度学习"。

百度的"深度语言2"就是在获得了大量的语音资料后，通过自己学习，掌握了音与字的关联。正是凭借机器学习，这个语音识别系统掌握了中文和其他语言，而百度的硅谷团队依旧不太会说中文。既然这样，中国天南地北有那么多难懂的方言，那就让它来学吧。反正人创造人工智能，就是为了让它去做人不会做、做不好、做不来的事情。人工智能的意义就在于做人不会做、做不好、做不来的事情，它要比人强大，并且听话，听人的指令，为人服务。

在有了"度秘"后，百度专门请人来教导它，这样就有人紧盯着它的问答环节，耐心纠正它所犯的每个错误。相信经过如此的耳提面命，"度秘"就能做得越来越好。

3. 网络、信息搜索、大数据、云计算

语音识别技术与搜索技术就像是发小儿，两小无猜，而搜索技术又像个小哥哥，它带着语音识别这个弟弟一起长大，一起经历成长的烦恼和快乐。"度秘"的本事有一部分就是来源于百度在网络信息搜索上的功夫。百度把不同行业的各个商家的方方面面的数据信息做了索引，用户提问时，"度秘"脱口而出，马上给出答案。

网络上有那么多信息在流动，人有那么多问题在寻问，虚拟小秘必须要有更多章法，才能胜任。云计算就是章法，就是王者之道。许多服务器组合成一个集团军，它能储存、加工、分析大数据，一批批数据被分派到多台服务器上进行加工分析。这个集团军就像天边飘过的云，它召唤你，为你抹去创痕，让你豪情万丈，因为它能为你分析大数据，它会云计算。

虚拟小秘学习刻苦，积累了一个庞大的人类语言数据库。当人们向

它发号施令时，它就要吃老本，依赖这些积累。可是偌大的一个库，查找起来挺费力，吃老本也难。学了一肚子的学问，结果却是"茶壶里煮饺子，有货出不来"，这不让人干着急吗？有了云计算，问题就解决了，虚拟小秘就轻松了，它可以迅速从库中找出与用户说的话相匹配的词，弄明白用户的意思，然后满足用户的需求。

4. 智能手机

智能手机的普及应用对于语音助手的深入发展功不可没。电脑有键盘和鼠标，这些用起来挺方便，语音输入就成了无可无不可的事。可是手机就不同了，界面那么小，语音输入才轻松便捷。未来，你每天用着智能手机，你的语音助手就对你多一分了解，它知道你的出行路线，知道你的联系人，感觉像是在跟踪你，其实是为了更好地服务于你。比如，你站在小区门口想打车，你就直接告诉语音助手"帮我在这附近叫辆出租车"，而且无须说出你现在的地址。再比如，你想给老板打电话请个假，你就直接告诉语音助手"给老板打电话"，它知道你的老板是谁，知道你的老板的联系方式，就差代替你向老板请假了。

第四项　火箭回收利用技术

火箭准备在无人船上着陆。

开场花絮：情定太空

终于盼到了年假，孟想和杭天兴奋不已。天还蒙蒙亮，他们就跳上了大巴车。微明的晨曦中，大巴车开得很快。一路上都有路标，指向发射场。

他们俩是好朋友，都在外企高就，薪资不菲，每天在熙熙攘攘的大城市里忙忙碌碌，内心却崇尚徐霞客式的生活，喜欢在游历世界中丰富人生，所以一有假期，就背上行囊，外出旅游。这次他们升级了，准备去太空旅游，早就买好了两张火箭票。

发射场到了，这里不像机场那样人头攒动，每个人都是一脸兴高采烈，睁大了双眼，热切期待着。登箭程序比登机要复杂，花费的时间也较长。一阵忙碌后，总算收拾停当，孟想和杭天随着其他4位乘客坐进了宇航员舱。大家整装待发，兴奋中开始流露出紧张。

既短暂又漫长的升空过程结束后，每位乘客长舒一口气，睁大眼睛，迫不及待地朝外张望。无边静谧，地球来客给太空带来了生机。蔚蓝色的地球就在眼前，它的曲线是那么壮美，大家忍不住欢呼赞叹。来太空前，大家都以门牌号来描述自己的家，现在感觉心胸阔亮——其实自己的家是眼前这个美丽的星球，大家本是一家人。

孟想和杭天按照指令解开了安全带，马上就飘了起来。他俩一边惊叹着失重，一边望着舷窗外。太空浩渺，人何其小，两个人的相遇相识又是多么神奇。他俩悄悄做了个决定，要一辈子珍惜他们的缘分。

初次来到太空，人们就有了许多领悟。接下来几个小时，又会有什么新思维？

古人云：
荡胸生层云，
决眦入归鸟。
会当凌绝顶，
一览众山小。

今个说：
荡胸生层云，
决眦观太空。
会当凌绝顶，
一览众星小。

开场属虚构，要知实情，请看下文。

一、初识风采

1. 令人惋惜的运输工具

（1）璀璨只有一次

火箭与汽车、火车、轮船、飞机一样，都是运输工具，只不过汽车、火车、轮船、飞机分别用于地面运输、河海运输、航空运输，火箭则是用于太空运输，它的作用非常大，可以把卫星送入太空轨道，把载人的宇宙飞船送到太空，把物资送往国际空间站。

火箭与汽车、火车、轮船、飞机又不一样。人们对汽车、火车、轮船和飞机悉心维护，以备久用，可是火箭就不同了，它一旦升空完成任务，就坠落地面，粉身碎骨，算是"春蚕到死丝方尽，蜡炬成灰泪始干"，为航天事业光荣牺牲了，它的第一次飞行就是最后一次飞行，人们不再有机会呵护它。

（2）美国"土星5号"运载火箭

回忆一下 1969 年美国的"阿波罗 11 号"登月飞行就知道了。那次飞行中，美国宇航员没有看到嫦娥、玉兔和广寒宫，可那次飞行却震动了全世界，因为 3 名宇航员来到了月球，实现了人类第一次在月球表面的行走，把人类的脚印狠狠地印在了那片广袤的不毛之地。

人类的壮举就是火箭的壮举，人类首次登月的背后英雄是"土星 5 号"运载火箭，它力大无比，呼啸着把"阿波罗 11 号"宇宙飞船推向月球，结果四海皆惊。"土星 5 号"发射升空 2 分 42 秒后，第一级脱离箭体，坠入大西洋；第二级开始燃烧，9 分 9 秒后脱离箭体，坠向地球；第三级开始燃烧，直至 11 分 39 秒后到达地球轨道，大约 2.5 小时后重启，把飞船从地球轨道送向月球；约 4 小时 17 分时，指挥和服务舱与月球登陆舱对接，并一起脱离火箭第三级，随后第三级划过太空。宇航员最终完成任务后，通过指挥舱返回地球。而"土星 5 号"早已一级一级地"报销"了，可谓是：

> 寿夭穷通，是非荣辱，此事由来都在天。
> 从今去，任东西南北，作个飞仙。

左图："土星 5 号"火箭发射。右图：人类第一次踏上月球的脚印。

2. 费思量的运输工具

（1）从俭考虑

从 1964 年到 1973 年，美国开发和利用"土星 5 号"火箭共花费约 64 亿美元，这个数字即使在今天也绝对是个天文数字。航天发射成本绝大多数来自火箭的建造，火箭造价动辄上千万美元，甚至上亿美元，一次性使用就像是烧钱，就像是做一顿饭就把锅扔了，开一次车就把车废弃了，飞行一个航程就把飞机销毁了。这样做简直是暴殄天物。

"物尽其用"闪烁着理性之光，能用的东西继续用，可扔可不扔的东西就不扔，可花可不花的钱就不花。航天发射成本那么高，恐怕也要力行物尽其用之道。思考一下，也许是有些办法的。比如，降低火箭的造价，多次利用火箭，发射一次火箭完成多项任务。如果不能降低成本，那就回收利用。如果不能回收利用，那就一举多得。如果既能降低成本，又能回收利用，还能一举多得，那也许就是逆天了，可谁不想这样呢？

（2）想尽法子

火箭发射总成本包括制造成本、发射成本、测控成本等，发射成本包括消耗的推进剂成本等。火箭发射的整个过程，大手笔花钱的地方很多，要降低造价，就要从每个环节、每个工艺、每种材料下手。

火箭发射总成本的重头戏是火箭建造成本，回收再利用火箭有助于降低总成本。回收火箭，就是要接住从太空高速下坠的超级重物，想想都难。即使把球抛向高空，然后去接，都未必能做得好。

至于一飞多得，这是各国都在努力做的事。比如，2017年2月，印度竟然使用一枚火箭把104颗小卫星送入太空，这成为全球最高纪录。再如，2015年9月，中国使用"长征6号"火箭把20颗小卫星送入太空。

二、回收与利用

1. 梦想与成功

人尽其才、物尽其用，更何况是价格不菲的火箭。火箭的回收利用很难，却让人充满幻想。飞机在使用年限内可以飞行上万次，飞机成本可以平摊到每次飞行中。如果哪天火箭也能像飞机那样，飞去飞来，飞走飞回，那火箭的飞行成本就可以降低。如果火箭的飞行成本降至1/10、1/50、1/100……那会有多少人抬头仰望太空，期待有朝一日能亲近太空？当朋友告诉你他刚从太空旅游回来，你告诉他自己也已买好太空游的火箭票时，会是什么劲头！

（1）回收

都得第一

目前，回收火箭不是把整个火箭都收回来，而是把火箭的第一级助推器收回来，这是个技术含量很高的活儿。现在已经有两家美国公司在琢磨这件事了，它们志向高远，比肩挑战高科技，虽然道路艰辛，前景充满变数，但也各有收获。

2015 年 11 月 23 日，一家名为"蓝色起源"的美国公司从得克萨斯州发射了火箭，火箭升空 33 万英尺（约为 100 公里），飞行 11 分钟，成功着陆，而且没有任何硬伤。这是全球第一个从太空返回并安全着陆的火箭，"蓝色起源"为此欣喜不已。

2015 年 12 月 21 日，在美国佛罗里达州卡纳维拉尔角空军基地，美国"太空 X"公司发射了"猎鹰 9 型"火箭，它携带着 11 颗通信卫星进入预定轨道，起飞 10 分钟后火箭第一级返回地面，着陆在空军基地。这是全球第一个完成太空任务并成功返回地面的火箭，它的成功更加耀眼，掀起了一阵阵欢呼。

着陆后的"猎鹰9型"火箭灰头土脸，但状态良好。

2016年4月8日，"猎鹰9型"顺利完成运送任务，给国际空间站运送了将近7000磅重的物资，火箭第一级也成功着陆，这次是在大西洋的一艘无人船平台上着陆，这是世界范围内火箭第一次在海洋上着陆。火箭在海洋着陆非常重要，因为可以减少火箭返回时对燃料的需求，火箭不需直接返回陆地，只要在无人船平台上着陆就行，之后由无人船带它渡海回家。

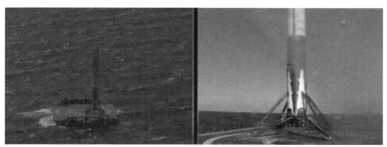

2016年4月，"猎鹰9型"成功在无人船平台上着陆。

强中更强

在火箭回收方法上，"蓝色起源"和"太空X"这两家公司可谓殊途同归。火箭回收贵在站如松、坐如钟。为了展示火箭的此种君子之风，两家公司都利用箭载软件程序来控制推力器和机翼，以准确完成火箭的减速，还给火箭安装可折叠的腿，以确保火箭能稳稳当当站住。

如果非要说不同的话，那就是强中更有强中手。"蓝色起源"的火箭飞行速度只有"太空X"的火箭飞行速度的一半，飞行高度也是一半，并且大部分时间是垂直飞行，而"太空X"的火箭在返回伊始还要进行姿态调整。难怪"蓝色起源"能拔得头筹，首先成功回收火箭，大抢"太空X"的风头。高考试题难度减半，当然夺魁无悬念。

（2）再利用

帷幕徐徐拉开

火箭的回收利用是一个两步曲，首先是回收，其次是再利用，两步都完成才能曲终人散。花大力气回收火箭不是为了收藏，而是为了实际利用，为了降低航天成本，为了航天事业的飞跃。

2016年1月，"蓝色起源"利用2015年第一次回收的火箭助推器，发射了无人宇航员舱，距地高度约102公里，实验完成后，助推器和宇航员舱都安全回到地面，助推器借助推力器返回，宇航员舱借助降落伞返回。这下，"蓝色起源"又得了一个第一，成为全球利用回收火箭第一家，算是又走在"太空X"之前。

"蓝色起源"利用回收的火箭助推器。

"太空X"对于2015年第一次回收成功的火箭非常珍视，毕竟硕大的一个家伙在太空兜了一圈后能回来，这可不是一件随随便便就能做到的事情，这太具有里程碑意义了，这枚火箭要好好收藏，要用它来见证"太空X"火箭回收利用历程的第一步。所以，"太空X"打算从第二枚回收火箭开始再利用。终于，2017年3月30日，"太空X"真的再利用回收的第二枚火箭成功发射了卢森堡的一颗通信卫星，火箭第一级又平安返回，并在位于大西洋的无人船上着陆。

难以想象的价值

　　虽然一枚枚火箭已陆陆续续被回收，火箭的回收技术已被视为技术突破，可只有通过火箭再利用，人们才能实现太空飞行的根本性突破，实现遨游太空的梦想。"太空 X"也明白，火箭回收的意义就在于再利用，而且是要既充分又快速地投入再利用，这样才能大幅降低太空运输的成本。如果收回来了，可损坏比较多，能用的部分比较少，还要追加很多维修费用，那回收有什么意义？如果回收了 10 枚，再利用了 1 枚，那回收的意义也是有限的。如果收回来了，可很长时间后才开始再利用，而其间又花了很多钱建造新火箭，那回收的意义又何在？

　　有人说，迟到的成功是打折的成功。太空飞行既是一项高精尖的事业，容不得半点儿急躁，同时也是一项分秒必争的事业，需要不断奔跑，追逐时间的脚步，有如夸父追日。现在似乎有点理解"太空 X"的 CEO 马斯克了，他总是不停歇地探索，总在追求更新更高的目标，那是因为他所选择的事业就是这样的，他的事业没有最好，只有更好。

　　按照"太空 X"的计算，建造一枚火箭花费约 6000 万美元，回收后重新补给燃料仅需 20 万到 30 万美元，再加上回收后检查和修理的费用，回收利用火箭的成本仅为建造火箭的 1/100。也就是说，原本要花 6 千万美元做的事情，现在只花 60 万美元就行了。这个变化令人难以置信，这就好比大城市里一套 500 万的房子，结果只卖 5 万。按"太空 X"的估计，每枚火箭可以回收利用 10 到 20 次。节约的钱，少说也够建造将近 10 枚火箭吧？

　　先不管这个估算是否准确，可以确定的是，回收火箭是要额外花钱的，无论是回收技术研究费用，还是海上无人船着陆平台的建设费用。如果回收了却不用，那有何作用？随着一次次火箭回收的成功，"太空 X"的库房里已经存放了好几枚回收的火箭，再利用的问题已经提上了议事日程，"太空 X"可不想雪藏它们，让它们成为尘封的回忆，而是要让它们穿上新装再奏凯歌。可谓是：

　　　　西风烈，
　　　　长空雁叫霜晨月。

霜晨月，

马蹄声碎，喇叭声咽；

雄关漫道真如铁，而今迈步从头越。

从头越，

苍山如海，残阳如血。

If one can figure out how to effectively reuse rockets just like airplanes, the cost of access to space will be reduced by as much as a factor of a hundred. A fully reusable vehicle has never been done before. That really is the fundamental breakthrough needed to revolutionize access to space.

——Elon Musk

这是"太空 X"的 CEO 埃伦·马斯克在 2015 年 6 月所说的一段话，意思是："如果能够想出有效的办法对火箭再利用，就像飞机那样，那么太空飞行成本可以降低至 1/100。人们尚未造出可以完全再利用的太空交通工具，而这才是太空飞行变革的根本性突破。"

2. 勇者的事业

（1）浪漫与阳刚

"蓝色起源"成立于 2000 年，名字意指"蔚蓝色的地球是发祥地"。它不仅制造火箭引擎，还准备全力打造太空旅游，并盘算着在 2018 年能变梦想为现实。可谓是：

人笑拙疏安淡泊，天教强健享清闲。

秋来渐有佳风月，拟与飞仙日往还。

届时人们可以穿越卡门线，此线位于距离地面 100 公里的高度，穿越它就表明离开了地球大气层，来到了太空。穿越了这条线，人们就可以欣赏蔚蓝色的地球，也许会感觉以前是"不识庐山真面目，只缘身在此山中"。穿越了这条线，地球在眼前，呈现距离的美感，它那壮丽的曲线，使俊男靓女追求的马甲线、人鱼线、S形曲线黯然失色。

"太空X"成立于2002年，没有搞太空旅游的"悠闲情怀"，倒是像一个响当当的汉子。它所追求的是把地球人迁居到其他合适的星球上，体现了一种责任和担当意识。为了实现这个目标，它又是设计、制造火箭，又是发射火箭，不仅承担卫星发射任务，还肩负着为国际空间站运送物资的责任。2012年5月，"太空X"的"天龙号"飞船与国际空间站对接，完成物资运送，并成功返回地面。从此，"天龙号"飞船就开启了为国际空间站运送物资的任务。可谓是：

> 看脊梁铁铸，担当社稷，
> 精神玉炼，照映乾坤。

"蓝色起源"和"太空X"想法不同，也因此散发着不同的气质。一个是想让人们欣赏太空和地球之美，洋溢着浪漫写意的感觉；一个是想开拓利用太空资源，尽显阳刚写实的力量。

（2）胆识和情商

在航天事业中，无论是哪种气质，都要有勇者的胆识和情商，因为在航天事业中，每一次成功都是巨大的喜悦，而每一次失败也是天大的打击，只有勇者才能承担这种非此即彼的差异，只有勇者才能从"一半是海水，一半是火焰"中体悟人生的价值。"太空X"的CEO马斯克就见过了太多的失败，也感受过许多成功的喜悦，时刻准备着随时会袭来的失败，不过他坚信，所有的失败都是暂时的，他的努力和勇气是永恒的，他会永远朝着目标奔跑。

埃伦·马斯克

工程师、慈善家、冒险家、CEO。他是PayPal、SpaceX、Tesla和SolarCity四家公司的CEO。他打造了世界最大的网络支付平台，完成了私人公司发射火箭的壮举，造出了世界领先的无人驾驶电动汽车，成为美国最大的太阳能发电供应商。他的奋斗目标都是围绕全球性的人类生存问题。他主张通过可持续能源生产和消费来降低全球温室气体排放，通过去其他星球生活、在火星上建立殖民地来降低人类灭绝的风险。他是科技奇才、企业领袖，令世人叫绝。更令人称奇的是，他很年轻就取得了这些举世瞩目的成就。可谓是：

> 自小多才学，平生志气高；
> 别人怀宝剑，我有笔如刀。

杰夫·贝佐斯

创办全球最大的网上书店"亚马逊"，是太空公司"蓝色起源"的创始人。"阿波罗11号"载人飞船实现了人类踏上月球的梦想，当时5岁的贝佐斯深受影响，从此他爱上了科学、工程、探索，有了自己的梦想。可谓是：

> 如今弥旷远，脱然绝寞臼。
> 少年尚意气，峥嵘各自担。

2012年3月，贝佐斯团队发现了载人登月的"土星5号"火箭的引擎。火箭第一级助推器的引擎在大西洋底14000英尺（约4260米）已经沉寂了44年。到2013年7月，贝佐斯团队已打捞出两个引擎的主要构件。

三、各有门道

1."太空 X"的拿手戏,"猎鹰 9 型"火箭

　　航天路曼曼其修远兮,"太空 X"马不停蹄地上下求索,一直以来它都是人们关注的宠儿。从 2012 年到 2016 年,"太空 X"多次尝试火箭第一级在无人船或地面着陆,平均每月都会发射一次火箭,其间有成功也有失败。比如,2016 年 1 月,"太空 X"的"猎鹰 9 型"火箭着陆失败,就是因为一个着陆腿没有闩到位,不到一个月前才品尝到的成功喜悦随之而去,随后"太空 X"更加忙碌起来。2016 年 8 月,"太空 X"用"猎鹰 9 型"火箭把日本的一颗通信卫星运送到地球同步转移轨道,火箭的第一级助推器成功在海面浮动平台上着陆,距离佛罗里达海岸约几百英里,这是令人欣喜的成功。

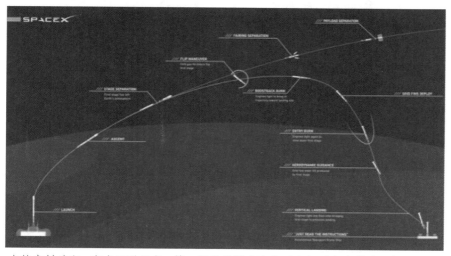

火箭发射升空,完成运送任务,第一级助推器在海上无人船平台上着陆,实现回收。

(1) 后劲很足

充足的燃料

"猎鹰9型"火箭是两级火箭，使用液态氧制成的液体燃料。"太空X"在建造"猎鹰9型"火箭伊始，就考虑了回收问题，给火箭装载足够的燃料，除了保证完成卫星发射或运送物资的任务外，还要保证火箭第一级能安全返回地面，因为第一级助推器返回时需要依靠引擎来降速和准确定位，因此需要燃料。

"猎鹰9型"火箭

9个引擎

"猎鹰9型"的第一级助推器是最大最昂贵的部分，所以回收这一部分非常重要。第一级助推器中有9个"梅林型"引擎，安置这么多引擎是为了确保在一个引擎出现问题时其他引擎能保证任务完成。另外，在第一级助推器返回途中，引擎继续发挥作用，要稳住助推器，要给它减速。稳定和降速是助推器返回中很重要的问题。

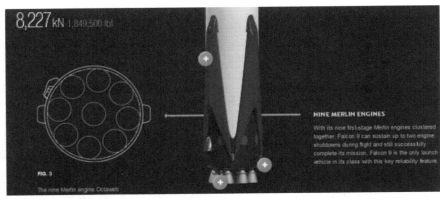

"猎鹰9型"火箭底部有9个"梅林型"引擎，8个围绕着中间的1个。引擎上面的黑色部分是着陆腿，着陆时打开，支撑助推器平稳落地。

在返回途中，引擎共启动三次。第一次是为了调整助推器着陆时的碰撞点，助推器被带入返回轨道。第二次是为了给助推器减速，此时的超音速反推力与空气阻力共同作用，助推器划过天空，速度从开始的每秒 1300 米迅速减到每秒 250 米。第三次是为准确着陆做准备，在最后 1 分钟时原本折叠的 4 条着陆腿伸开到位，此时助推器的速度降到每秒 2 米。

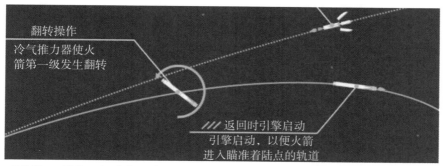

"猎鹰 9 型"第一级助推器完成翻转，引擎第一次启动，把助推器带入返回轨道。

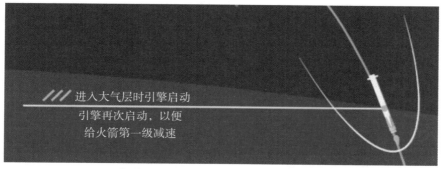

引擎第二次启动，第一级助推器减速。

引擎第三次启动，第一级助推器进一步减速，以实现精准着陆。着陆腿伸开到位，支撑助推器着陆。

　　整个过程犹如白驹过隙，非人力能控制，统统交由电脑和惯性巡航系统来操控。其实，从火箭发射的那一刻开始，控制系统就进入自动化模式，根据即时数据做出反应和调整。

（2）发挥巧劲

让火箭第一级助推器在太空完成翻转动作，然后沿着预定轨道准确无误地返回地面，这是一个需要智慧的过程，除了要有燃料和引擎提供力量外，还要有各种机关来提供巧劲。

玩杂耍的冷气推力器

在第一级助推器的顶端有冷气推力器，助推器在与箭体分手作别准备返航时，由冷气推力器操控助推器调整姿态，助推器就好像孙悟空翻了个筋斗，完成掉头，准备回家。

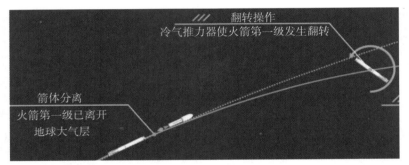

"猎鹰9型"第一级助推器与箭体分离后，在冷气推力器的作用下进行翻转。

灵活的栅格翼

在返回途中，助推器上安装的4个超音速栅格翼也发挥作用，确保精准着陆。栅格翼可以折叠，抗高温，看起来并不大，呈 X 型围绕着助推器。火箭上升过程中，它们保持收纳状态，助推器返回时它们才展开，在助推器下降过程中控制方向。每个栅格翼都能独立活动，可以转动、倾斜、偏转，与引擎共同作用，确保助推器精准着陆。

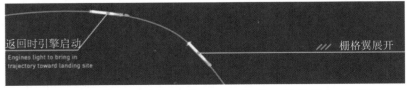

"猎鹰9型"第一级助推器进入返回轨道，栅格翼打开到位。

"猎鹰 9 型"的栅格翼在助推器返回途中用来确保精准着陆。

坚实的着陆腿

4 个着陆腿既结实又轻便，完全是得益于所使用的材料碳纤维。当助推器快要接近地面时，着陆腿就要展示自己的腿功了，它们赶快伸展开，在助推器触地时提供有效的支撑。

"猎鹰 9 型"有小翅膀一样的栅格翼、腿一样的着陆腿，这些多少会刺激人们的视觉和想象。除了翅膀和腿外，还有什么可以使火箭平安着地呢？也许有人希望宙斯之子"大力神"能在地上稳稳接住火箭；也许有人希望"超人"能在空中抱住火箭，然后把它送回地球。是否有人希望火箭能像飞机一样，展开机翼，翱翔于蓝天，然后降落并在跑道上滑行，直到最后安全停稳？欧洲空客飞机制造公司从 2015 年开始就已经这么想了。这个设想也许不太容易实现，我们只好翘首以盼了。总之，要想拥有能多次再利用的发射工具，就需要大胆的想象和扎实的科学知识。如果你能找到答案，那将会是多么振奋人心！

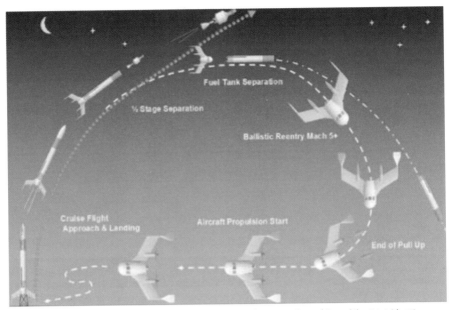

"空客"设想：火箭第一级与箭体分离后，像飞机一样返回地面。

"空客"设想：火箭在跑道上滑行，直至停止。

（3）不怕难的劲头

7亩地的着陆平台

如果"猎鹰9型"的着陆点是海上无人船，那难题又来了：无人船不是钻井平台，不能固定在海中，会随着海浪而晃动，从太空飞回的火箭要稳稳在此着陆，那有多难？此外，无人船的着陆平台的面积只有300英尺×100英尺，如果把两翼的宽度算上，最多也就是300英尺×170英尺的面积，换算一下，也就大约7亩地。而助推器的着陆腿打开时的跨距有70英尺，这就像是在半页A4纸上盖一个图章，空间不算太富裕，更何况这是将从天空呼啸而来的"图章"盖在一张晃晃悠悠的"小纸片"上呢？

火箭从太空返回，在无人船上着陆，好似图章从天空呼啸而来，盖在晃晃悠悠的小纸片上。

　　"太空X"有两艘服役的无人船。为什么是两艘？因为美国被太平洋和大西洋环绕，需要在每个大洋各布置一艘无人船。"太空X"的无人船有着谜一样的名字。第一艘取名"就读指令"，平时停靠在洛杉矶港，在太平洋工作；第二艘取名"当然我仍爱你"，平时停靠在卡纳维拉尔港，在大西洋工作。这两艘船的名字一定不是随意取的。那么这两个名字是什么意思呢？背后有什么故事吗？据说，这些名字来自1988年出版的英语科幻小说《游戏玩家》，作者是一位著作颇丰的苏格兰科幻作家。也许谜底就在那儿。

　　谜底先不用着急，着急的是对马斯克的更多了解。难道科技奇才马斯克从小就是读着科幻小说长大的，他现在的科技创举都源自儿时天真有趣的幻想，都发端于他内心的童话世界？难道他一直是一个追梦人？

可谓是:

老夫聊发少年狂,
左牵黄,
右擎苍,
锦帽貂裘,
千骑卷平冈。

"太空 X"的自动控制无人船,用于火箭着陆。

有准备的战斗

回收火箭不亚于一场艰苦卓绝的战斗,"太空 X"打的是有准备之战。从 2012 年到 2014 年,它就在得克萨斯州的试验场地不断进行模拟测试,测试分期有序地进行。

"太空 X"先使用"蚱蜢"型垂直起降测试箭,这基本上就是"猎鹰 9 型"第一级,不过只带有一个"梅林型"引擎,安装了形状固定的着陆腿。在 2012 年至 2013 年期间,"蚱蜢"完成了 8 次飞行着陆测试,测试高度最大为 744 米。2014 年,"蚱蜢"退役后,F9R 测试箭开始启用,它也是"猎鹰 9 型"第一级,带有 3 个"梅林型"引擎,还有可伸缩的栅格翼,最大测试高度达到 1000 米。

"蚂蚱"型测试箭正在试验中。

　　2015 年，在"猎鹰 9 型"承担太空运送任务时，"太空 X"开始尝试第一级助推器着陆试验，并且及时反省每次出现的问题。比如，2015 年 4 月，火箭顺利把"天龙号"飞船送入轨道，第一级助推器也着陆，着陆点距离预定点在 10 米范围内，但是由于触地时力量有些大，助推器跌倒了。

　　太空飞行是一项精益求精的事业，是一项以秒来计算的事业，容不得一丝一毫的失误。"太空 X"一定要找出问题所在，结果发现问题出在着陆前 10 秒，控制引擎推力的一个节流阀门短暂故障，未能按指令及时反应，阀门调节这个动作延迟了几秒，引擎减速因此延迟，助推器短暂失控，可此时已是触地时刻，已没有时间补救，结果助推器落地时翻倒。既然发现节流阀是这次着陆失败的唯一原因，"太空 X"就开始改进，防止类似事故发生，还改善控制系统，使它能从短暂故障中快速恢复。

　　一个朴素的智慧是，人不能在同一个坑里摔倒两次。"太空 X"坚守一个信条，火箭不能被同一个问题再次绊倒。正是因为"太空 X"一次次不厌其烦地尝试和努力，枯燥的工作最终开出了美丽的花。

2. "蓝色起源"的新推手——"新格伦"火箭

　　虽然航天发射不是哪个企业都玩得起的，可是但凡有些实力的企业玩起来就一定不会手软，非要做出个名堂不可。2016 年 9 月，原来沉浸在浪漫气息中的"蓝色起源"宣布研发了一枚新火箭，高度 270 英尺（约为 82 米），起飞推力达到 385 万磅（约为 1746 吨）。火箭取名"新格伦"，是为了纪念美国宇航员约翰·格伦，他是第一个绕地球飞行的美国人。"新格伦"的第一级助推器可以垂直着陆，方便回收，今后将用来发射卫星和运送宇航员到太空。

相比之下，"太空 X"的"猎鹰 9 型"就黯然失色了，它的高度为230 英尺（约为 70 米），起飞推力为 170 万磅（约为 771 吨）。如果"新格伦"这个大家伙能飞向太空并返回地面，那么"蓝色起源"和"太空 X"的龙虎斗就要拉开序幕了，那会是怎样壮观的画面啊！

3. "太空 X"的撒手锏——"猎鹰重型"火箭

"太空 X"绝不是吃素的，在航天业摸爬滚打了这些年头儿，早已成为千锤百炼成肌肉男，还有了撒手锏。"猎鹰重型"火箭比"猎鹰 9 型"还厉害，起飞时能产生超过 513 万磅（约为 2327 吨）的推力，只有这种大推力才能实现载人飞行到月球或火星。要知道，让人类实现登月梦想的"土星 5 号"火箭拥有 3400 吨的起飞推力，这个类型的火箭在 1973 年退役后，美国就没有大推力的火箭了，早就等着"猎鹰重型"这类火箭的出现。到目前为止，只有"土星 5 号"的推力超过"猎鹰重型"，其他无一能比。可谓是：

> 长风万里送秋雁，
> 对此可以酣高楼。
> 蓬莱文章建安骨，
> 中间小谢又清发。
> 俱怀逸兴壮思飞，
> 欲上青天揽日月。

"猎鹰重型"与"猎鹰 9 型"一样，也是两级火箭，使用液氧燃料。第一级有 3 个助推器，27 个引擎，相当于 3 个"猎鹰 9 型"的第一级。发射时，3 个助推器都启动，全力运行。升空后不久，中间助推器的引擎减速。两边的助推器与箭体分离后，中间助推器的引擎再全力提速。第二级与"猎鹰 9 型"的第二级一样，只有一个引擎，可以多次启动，能够把不同的载荷送到不同的轨道，包括近地轨道、地球同步转移轨道、地球同步轨道，这样就能完成各种不同的任务。"猎鹰重型"与"猎鹰

9 型"一样，也有栅格翼和着陆腿，以便火箭的回收利用。

　　近地轨道：高度在 2000 公里以下的近圆形轨道都可以称为近地轨道，离地面较近，绝大多数对地观测卫星和通信卫星系统都采用近地轨道。

　　地球同步转移轨道：近地点在 1000 公里以下、远地点为地球同步轨道高度（约 36000 公里）的椭圆轨道。地球同步卫星首先进入这种椭圆轨道，然后在远地点点燃变轨发动机，实现变轨。

　　地球同步轨道：距地面高度约为 36000 公里，人造地球卫星在这个轨道上运行，运行周期等于地球自转周期，每天在相同时刻经过地球上相同地点的上空。

"猎鹰重型"火箭

"猎鹰重型"火箭的第一级有 3 个助推器，共 27 个引擎。助推器上的黑色部分是着陆腿。

"猎鹰重型"火箭上的栅格翼

"太空 X"计划在 2017 年夏季试射"猎鹰重型"。当"猎鹰重型"这个硕大无比的家伙发射升空、完成任务、周游太空、从容着陆后,人们会与"太空 X"一起欣喜若狂,也许"蓝色起源"倒是要着急了。

有趣的是,有了"猎鹰重型"火箭后,一直专注于科学任务的"太空 X"也要搞太空游了,打算在 2018 年年底发射这个大家伙,带上两名乘客绕月飞行一周。有些惊悚的是,飞行将采取自动模式,没有训练有素的飞行员陪同,两名乘客在"天龙 2 号"舱内孤独漫游。他们不是"太空 X"强拉硬拽过来的,而是主动送上门的,他们表达了希望绕月飞行的强烈愿望,还肯付大价钱。

先不用猜测这二位是怎样的大富大贵、大智大勇之人,先说说人类探月活动吧。自从 1969 年人类第一次登月开始,据说已有 24 人飞向了月球,其中有 12 人登月。不过,他们都是清一色的美国人,而且是男人。这些美国男人怎么这么厉害?估计也和马斯克一样,是读着科幻书、看着科幻片长大的。如果在刚才说的二位中有一位女士,那么"太空 X"又要拿下一项世界第一喽!可谓是:

健儿须快马,快马须健儿。
跸跋黄尘下,然后别雄雌。

4. 中国航天的远行者——"长征 5 号"火箭

　　中国从 1965 年开始自行研制"长征"火箭，1970 年 4 月 24 日，"长征 1 号"运载火箭首次成功发射"东方红 1 号"卫星。在目前的长征系列运载火箭中，"长征 5 号"是起飞推力最大的，超过 1000 吨，赶超了"太空 X"的"猎鹰 9 型"火箭，但与"新格伦""猎鹰重型"和"土星 5 号"还有差距。"长征 5 号"高度约为 57 米，比这四种火箭要矮不少，其中"土星 5 号"高度达到 110 米，比"长征 5 号"高出将近一倍。

　　中国也在研究火箭回收技术，在对比分析了各种不同的技术后，已尝试了降落伞和翼伞两种回收方式，还未尝试美国的垂直起降方式。有了降落伞，助推器就可以像人跳伞那样，缓慢平稳降落，就像神舟飞船返回地面时那样。有了翼伞，助推器就好像长了翅膀，能像飞行一样滑翔着陆。我们期待中国的火箭回收利用技术有一鸣惊人的那天。

第五项　相互学习的机器人

开场花絮：天生一对

希希和望望是一对双胞胎，两人长得很像，外人很难区分，不过脾气性格迥异。哥哥希希很爱动脑筋，爱动手实践，学习很主动。弟弟望望则不同，动作磨磨蹭蹭，什么都非得挨到最后才做，结果总是"临时抱佛脚"。

家长总是很忙，无暇顾忌，于是把任务交给了哥哥，让哥哥带好弟弟。哥哥挺认真，总是找机会和弟弟聊天，给弟弟讲了很多故事：头悬梁锥刺骨的故事，凿壁偷光的故事，鲁迅三味书屋的故事……

渐渐地，哥哥发现弟弟变了。弟弟开始每天认真学习、按时做作业，不仅如此，还积极向哥哥请教。更难得的是，每次弟弟有学习心得时，就会告诉哥哥，哥哥也深受启发。

兄弟两人你追我赶、互帮互助、齐头并进，同学们都很羡慕。小学毕业时，他们以全市第一的好成绩考入重点中学，迎接他们的将是更美好的中学时代。

故事说到这里就结束了，或许你觉得这个故事没什么稀奇的。那么最后告诉你，这兄弟俩其实是机器人，他们的家长是专门研究计算机科学的大学教授。

古人云：
三人行，
必有我师焉；
择其善者而从之，
其不善者而改之。

今个说：
机器人，
互为师长焉；
择其善者而从之，
其不善者而改之。

开场属虚构，要知实情，请看下文。

一、成长

1. 理想

　　机器人可以做什么？人们期待机器人做什么？机器人原本就是各种金属元器件组合在一起，人们赋予它智慧，使它不仅能计算，而且计算能力让人望尘莫及，于是人们期待它能像人一样，听、说、读、写样样都行，期待它能了解周围世界，不仅行动自如，还能准确执行指令。想象一下，有位老先生准备在书房看书，可老花镜在客厅，他只要招呼机器人一声，它一定不会拿个遥控器来糊弄。老先生看书太过投入，结果把吃降压药的事忘了，没想到机器人端水送药过来，体贴入微。有机器人如影随形，日子过得那叫一个舒坦。你可以少吃一顿饭，但不能没有机器人；你可以一晚上不睡觉，但不能没有机器人。

　　除了日常事务，人们更期待机器人能堪大任，能把人从繁重、危险、乏味的工作中解脱出来。比如，一个放射源装置在运输途中不小心被弄丢了，如果有人发现后不知情带回家，后果将不堪设想。怎么办呢？派机器人上吧，它不怕辐射。可以沿途布置一些机器人，让它们去找，一旦找到就放入隔离容器中带回。机器人凭借刚强的金属之躯，勇于保护人们的血肉之躯。

2. 现实

（1）成长的烦恼

　　理想总是很丰满，现实总是很骨感。试想一下，如果机器人连人们的日常生活用品都识别不了，还谈什么做大事？如果两岁小娃能做的事情机器人都做不来，这不愁煞人吗？人什么时候才能指望上机器人？

也许，人们不能太着急，机器人也有成长的烦恼，应该允许它像人一样，一点点长大。机器人经过一步步的磨炼，现在已经开始识别语音和图像了，或多或少能做些事情，未来还有广阔的天地，一定能大有作为。

（2）时间不够用

遍观海内外，科研人员勤勤恳恳，想办法帮助机器人顺利成长。比如，美国布朗大学的泰莱克斯教授，一心扑在了机器人身上，她心目中的机器人要能够摆弄日常用品。为了实现这个目标，堂堂大学教授就像幼儿园阿姨那样耐心，不厌其烦地教她的机器人。

从一开始

教授先从最简单的梳子教起，机器人要先识别梳子，然后再练习拿梳子。机器人身上有摄像头和红外感应器，这些传感装备就像眼睛一样，用来识别梳子及其位置。如果你有幸在现场，就会看到机器人在空中挥舞着胳膊，像是在海德公园做演讲，看起来特像回事，只是梳子唾手可得，它却没发现，真不知道它脑子里究竟在想些什么。好不容易等到它要下手了，你才长舒一口气，庆幸它终于开窍了。不过，看着它抓了几次却总是拿不到手，你也许又要急了，心里就像猫抓似的，真是皇帝不急太监急。当它费了九牛二虎之力总算把梳子拿起来时，你也许觉得过瘾，像是看着西楚霸王举起了千斤鼎，直想叫好。你的心脏就这样一路坐着过山车。你以为终于可以放心了，可机器人还没完，也许是因为第一次对付梳子，它有些不放心，怕煮熟的鸭子飞了，于是晃一晃坚实的手臂，确定一下的确是抓牢了。

能把简单的动作演绎得犹如史诗一般，估计非机器人莫属了，这的确挺难为大学教授和各路科研好汉。不过，机器人做事情就是这样一板一眼，它需要把任务做分解，拆分得很细，细细研读，一步步做，就像举重运动员要把一个挺举动作分成几步，先俯身握住杠铃，挺胸直腰，体会杠铃在手的感觉，然后提拉杠铃至锁骨，翻腕使双肘向前，膝盖微屈，接下来就一鼓作气将杠铃举过头顶，双臂伸直，双腿站立，杠铃稳在空中，最后将杠铃放回原处。这就是成功，一片欢呼声从观众席上随之而起。

完成更多

就是用这种学习方法，泰莱克斯的机器人后来能摆弄大约 200 件物品，你可以说这是机器人的成功，也可以说是教授的成功。不过想想看，单是一把梳子就费了老劲，200 件左右物品不是要了命了！可教授心气很高，似乎向天再借五百年都嫌不够，她要让机器人挑战 100 万件物品。她这是要让自己和机器人都忙到四脚朝天吗？可谓是：

天将降大任于是人也，必先苦其心志，劳其筋骨，饿其体肤，空乏其身，行拂乱其所为，所以动心忍性，曾益其所不能。

完成一项使命，不仅要有斗志，还要有方法。如果一味坚持用教拿梳子的办法，那机器人何时才能成功挑战百万物品？估计年轻的教授非要耗到满头银发的退休年龄不可。教授知道必须要找到行之有效的方法，才能赢得胜利。可谓是：

三十功名尘与土，八千里路云和月。
莫等闲，白了少年头，空悲切。

教授决定与合作伙伴先分头行动再汇集成果，也就是采用"各个击破"和"胜利会师"的战略，以求事半功倍之效。比如，教授继续在布朗大学训练她的机器人，合作伙伴在其他地方训练其他机器人。每个机器人每学成一样，相关的数据就被上传到"云端"，其他机器人都可以向它取经，向它看齐，只要它们的教授从"云端"下载数据，然后训练它们，它们就可以学会新动作。

二、技术

人们常把"人的耐心是有限的""时间是有限的"挂在嘴边。就说泰莱克斯教授吧，让她教机器人对付几百件物品也许还行，可是要对付100万件物品，她再有耐心也教不过来。况且大千世界东西何其多，哪能一一都教？我们在学校学习也不是什么都学，只是打好基础，掌握方法，以后是靠自学，活到老，学到老。要想让机器人快速挑战百万物品，那是绝对需要技术支持的。

1. 机器学习

机器学习是机器人学会认识大千世界的一个工具。比如，机器人甲学习拿梳子，经人点拨，它不断改正错误，直至掌握正确的方法。再如，机器人甲学会了拿梳子，它拿的是放在梳妆台上的圆梳，机器人乙需要拿放在三角架上的尖尾梳，它既要学甲的方法，还要适应自己的情形，活学活用，摸索出拿取尖尾梳的方法。

人依靠大脑来思考，机器学习则是依赖人工神经网络。人工神经网络模拟人脑，有多层神经元，通过一层层的运算来识别声音、图像或其他信息。比如，给机器人看一张鸟的照片，让它来识别。它的人工神经网络就会经历一个由浅入深的辨识过程。首先，第一层神经元识别出一些边缘，可能是黑色背部的边，可能是鸟嘴的边，这些识别结果传到第二层。接下来，第二层识别出两条边形成的夹角，可能是鸟嘴的上边和下边形成的夹角，可能是背部的边和腹部的边形成的屁股夹角，这些结果上传到第三层。然后，第三层识别出几条边形成的圆，可能是几条边形成的头部，这些结果继续上传。依此类推，越上层的神经元辨识越复杂的概念，直到最高层神经元认出那是一只鸟。

人工神经网络工作的过程有点儿像生命的孕育过程，生命从最初级的受精卵开始，每周都有不同的进展，发育越来越复杂，直至最后一周胎儿发育完全，可以分娩，瓜熟蒂落的时刻终于到来。

一个深度的人工神经网络不是仅仅把数据一层层上传、一层层解析就行了，还要判断最终的结果是否正确。如果结果错误，就要把信息一层层返回去，然后每一层改进结果，直到最后获得正确的结果。通过人工神经网络一次次试错，机器就能掌握处理某个任务的正确方法。

2. 数据的新来源

（1）拿来主义

当然，这里说的技术突破不是指机器学习，机器学习也不是什么新鲜事物了，这次荣登榜单的技术是机器人教机器人的技术，也就是让机器人相互学习的技术。有了这种技术，机器人不再只依赖人提供给它的数据信息学习，而是可以从其他机器人身上学习，以其他机器人为楷模，学习其他机器人的经验。说白了，这项上榜技术解决了机器学习的学习资料问题，为机器人开辟了一条新的学习渠道，这个渠道里汇集的学习资料会犹如长江之水浩浩荡荡、源源不断，机器人就"学海无涯苦作舟"吧。

机器人互相学习其实就是一种"拿来主义"，"前行者"从实践中学习，"后来者"从"前行者"的经验中学习。在实践中学习费力耗时，而从经验中学习省力省时。每个机器人学到的东西，都可以被其他机器人拿去学习，这也算是机器人的技艺传承吧。

（2）这是一个知识库

换个角度想想，每个机器人的学习心得汇在一起，就是一个图书馆，一个知识库，它的体量会不断膨胀。只要机器人有学习的心，就不愁没有学习的料。2014年7月，泰莱克斯与合作伙伴一起创办了"机器人大脑"，这是一个线上平台，汇集了供机器人学习的各种信息和软件。这可是加利福尼亚大学伯克利分校、布朗大学和康奈尔大学的研究人员共同打造的一个线上知识库，供机器人专用，帮助它们了解周围世界、融入人们的世界。

知识库里的点点滴滴都来自于每个爱学习的机器人，学习成果被上传到"机器人大脑"里，其他爱学习的机器人可以从这里受益，学习自己尚未掌握的本领。这个知识库里还有大约 10 亿张图片、12 万个视频、1 亿个操作指南，"机器人大脑"可以从图像中挑出物体，找到图像、声音和文本之间的关联，最后不仅识别出物体，还搞清楚如何操作，并把整理后的结果保存下来，待机器人日后使用，以备不时之需。

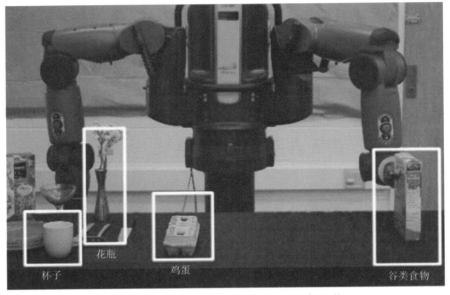

机器人利用"机器人大脑"学习如何拿取物品。

或许你已注意到，"机器人大脑"里不仅有机器人的学习经验总结，还有"机器人大脑"自己分析网络信息后的收获。也许，随着库存的不断壮大，机器人对它的喜爱会不亚于人们对微信的爱不释手，反正技多不压身，机器人就多多学习吧。

（3）这是一个搜索引擎

既然"机器人大脑"是一个知识库，机器人每每遇到问题就会向它求助，那也可以把它看作为机器人而建的搜索引擎，机器人遇到新任务时，可以借助它来搜索其他机器人的实践经验和各种现有知识，以求解、求证、求知。

3. 网络和"云"

（1）"人工降雨"

机器人教机器人学习，要经历从知识上传到知识下载的过程，就好像一个地方的水蒸气形成云，结果在另一个地方下了雨，一个地方的水分润泽了另一个干涸之地。也许机器人教机器人学习可以看作一个人工降雨的过程，从水汽蒸发到凝结降雨就是无所不在的网络，富含水汽的厚厚云层就是"云技术"。人们指望"人工降雨"能带来一道道美丽的彩虹。

强大的网络技术使机器人之间有了"感情"联络，使得它们可以互通有无、互帮互助，学成本领的机器人可以把"学习心得"上传到"云端"，正要入门的机器人可以从那里获得"学习攻略"，机器人着实感觉到了一种"你家缺两小米，从我家拿去"的暖意。这张机器人的交际网就是它们的互联网，人类有了互联网就变得强大，机器人有了自己的互联网也会变得强大。可谓是：

> 万卷罗胸笔有神，
> 便吟诗句亦惊人。
> 纵非太白为先导，
> 也许东阳步后尘。

有了强大的云技术，不断膨胀的知识库就不怕没地方存放了，因为"云"有强大的存储信息功能。有了云技术，当机器人愁眉不展地问上门来时，"云"准保笑意盈盈，热情地打招呼，它能快速加工处理信息，有求必应。"云"凭借着令人仰慕的云储存和云计算，帮助机器人完成了教与学的"教育任务"，为机器人建立起互为师长的"友好关系"。

"云"帮了机器人大忙，可也许把你搞得云里雾里。其实"云"就是很多服务器，一批批数据被分派到多台服务器上进行加工分析，这些服务器可能属于某个数据处理中心，或者属于某个"云服务"提供商。"机器人大脑"这个线上知识库就利用了亚马逊公司的云服务。

（2）这是云机器人

也许，从泰莱克斯教授的机器人与伙伴的机器人因为网络和"云"而结缘的那一刻开始，机器人们就不再孤独了，它们的"思想"漫步在"云端"，互相碰撞，火花频现，它们携起手来了解人们的丰富世界，从此它们有了划时代的新名字——"云机器人"。

其实，"云机器人"这个概念是由一位名叫詹姆斯·卡夫讷的美国人在 2010 年提出来的，当时他是"谷歌"负责研发自动驾驶车的工程师，2016 年年初他被丰田研究学院挖走，成为那里的首席技术官，专注于云智能技术。

卡夫讷很早就意识到，与其让机器人自己来处理信息，不如借助网络和云计算，让机器人利用外脑，这样效率更高，而且机器人也不再需要存储和运算海量数据。

智能设备都不能缺少数据和计算。现在好了，云机器人的数据可以从"云"来，那里汇集着机器人的集体智慧，数据的计算也可以用"云"来解决。云机器人遇到不认识的物品，只要把图片发给"云"，就可以从"云"获得信息，比如物品的名称、3D 模型和操作指令。云机器人的到来也许意味着机器人可以更快融入人们的生活，成为家庭中的一员，并给人们的生活带来全新的变化。

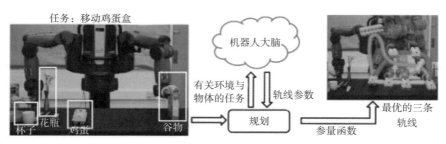

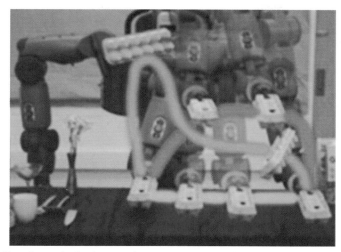

机器人学习抓取盒装鸡蛋。"机器人大脑"根据用户的不同喜好，为机器人设计了三条不同路径。

（3）这是一个大脑

"云"既有数据，又能计算，它是云机器人的大脑。难怪"机器人大脑"这个线上服务平台起了这么个名字，原来就是在说云机器人的大脑。有了"云脑"，机器人就成了云机器人。

其实，欧洲在2011年就开发了一个类似的机器人大脑，取名"RoboEarth"，它也是机器人的互联网知识库，也能记忆和计算，它也飘荡在"云"里。或许它的名字可以翻译成"机器人热土"，因为它有个绰号，叫"拉普达"，就是日本动画片《天空之城》中那个机器人居住的空中城堡。这部1986年上映的电影由宫崎骏担任原作及导演，讲述一对少年寻找"拉普达"的历险故事。

也许你听说过"Government of the People, by the People, and for the People shall not perish from the earth"，这是美国总统林肯在葛底斯堡演说中的一句名言，意思是"民有、民治、民享的政府永世长存"。也许我们可以拿来为我们所用，变成"Brain of the robots, by the robots, and for the robots shall not perish from the cloud"，意思就是"机器人拥有、机器人打造、机器人享受的大脑长存云端"。

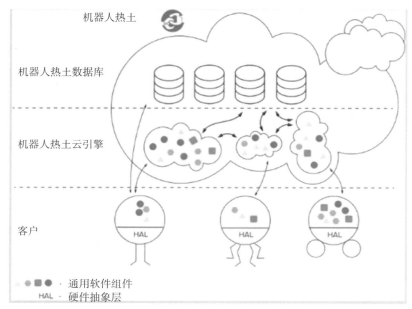

机器人把数据上传到"机器人热土",也可从中获得数据。"机器人热土"也是一个能记忆和计算的机器人大脑。

假如你能踏上"机器人热土",就像当年唐僧踏上西土取经那样,就会看到这个场景:

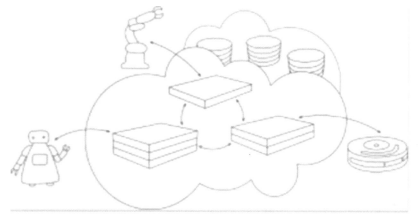

机器人与"机器人热土"相连。方形的盒子表示每个机器人在"云"中获得的计算环境,繁重的计算由"云"来完成,机器人无须烦劳。每个机器人的计算环境都是紧密相连的,而且与"机器人热土"的知识库保持宽带连接。累加起来的圆盘表示知识库。

三、分享

泰莱克斯教授心目中的机器人，不仅要能自己学会做事，还要能当老师，就像她那样，教其他机器人做事。最终她的机器人不仅会机器学习，还能借助网络和"云"，为其他机器人提供"在线教育"。

机器人的此种"学而优则教"其实就是一种分享学习，体现的是分享精神。分享就是公开，就是专业人士说的"开源"，我倾其所有给你，我不垄断专横。分享精神与拿来主义相照应、相通达，正是有了一个机器人的分享，另一个机器人才能拿来，每个机器人都有分享，都有获得。

1. 分享为哪般

（1）为了快速学习

分享就是为了快，机器人的分享精神就是为了机器人能快速学习。一个机器人学了，其他机器人就都会了，这将会是一个级数的变化，体现了"人多力量大"，体现了规模效应。一个机器人费了九牛二虎之力学到手的东西，其他机器人可以踩在前行者的肩膀上，轻松完成，这是机器人学习的捷径，是"一帮多，全都红"。大家互相分享学习数据，结果每个机器人都快速提高，没有谁会是短板。

按照"10000小时定律"，普通人要成为某个领域的专家，就要经过至少10000个小时的训练学习。如果按照一天学习8个小时来计算，冬练三九、夏练三伏，毫不间断，需要3年半的时间。难道机器人也要按照这个速度来学习吗？当然不行。那位"云智能"专家卡夫讷说了，不用让一个机器人运行10000个小时，而是让100个机器人分别运行100个小时，最后获得的数据总量是一样的。如此想来，机器人之间分担任务、分享结果就能不可思议地提高效率，这与云计算有异曲同工之妙。

(2) 为了服务于人

机器人靠着分享精神建立起高效的"学习型社会"，这是机器人的盛会，更是机器人与人的盛会。毕竟机器人不是为了学习而学习，不是为了成为饱学之士而学习，它是为了服务于人而学习，是为了准确完成人们下达的指令而学习，是为了提前就猜到人们的需求而学习。对机器人来说，如果机器学习是为了学习的深度，为了能深入了解世界，那么分享学习就是为了学习的速度，为了能快速了解世界。可谓是：

朝为田舍郎，
暮登天子堂。
将相本无种，
男儿当自强。

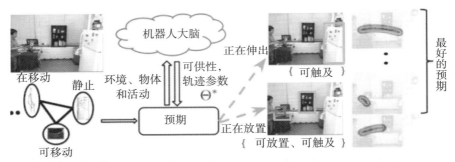

机器人要为人服务，就要了解周围环境，还要预测人的活动。为了预测人的活动，机器人就需要推断所处环境中各种物体的特点。例如，"机器人大脑"了解到人要走动、冰箱固定不动、其他三个物品可移动，推断出人可能要放置或触碰三个物品，或者触碰冰箱。

2. 分享在何处

智能时代的数据分享可以帮助人们的生活和工作，我们可以通过两个例子来体会，也算作"管中窥豹、略见一斑"吧。

(1) 传感器和智能家电分享数据

家是温馨的港湾，家给我们舒适惬意的感受。你是否想有这样一个家？窗帘，日出而开，日落而关。你走进浴室，柔和的灯光亮起来，热水已准备好。你走进厨房，电饭煲里有了热气腾腾的五谷养生粥，烤面包机里弹出两片酥脆的面包切片。你打开衣柜，镜子里显示着供你参考的当天服装搭配。你准备出发，大门就打开，车子就在外面等你。你的父母大驾光临，可你上班抽不开身，只好用手机 App 通知家门，发过去父母的照片，下班回家后，你看到父母坐在沙发上，喝着茶等你呢。

　　不用问，谁都想拥有这样一个家。这就是机器人家，不是指机器人的家，而是指布置了各种传感器和智能设备的智能家。各种设备通过家里的系统中心来分享数据，共同打造出人见人爱的居家环境。虽然这种智能家尚未完全实现，但还是可以期待的。

　　（2）机器人在执行任务中分享数据

　　2016 年，西门子公司开发了一款"小蜘蛛"机器人。"小蜘蛛"配有摄像机和激光扫描仪，会 3D 打印，能游刃有余地出入工作环境。对于一项大型 3D 打印任务，几个"小蜘蛛"各司其职，当某个"小蜘蛛"需要充电时，就会发信号给另一个电量充足的同伴，让它来接手，然后自己去充电。这是补缺，也是分享。这种分享就是为了有效率地完成任务。

西门子的"小蜘蛛"机器人

四、问题

1. 数据分享的边界

机器人是否分享数据，分享哪些数据和多少数据，都是由人来决定的。为了让机器人挑战百万物品，泰莱克斯教授和合作伙伴依赖分享主义精神，相互分享机器人挑战成功的数据。如果推而广之，所有人都愿意分享自己的机器人数据吗？毕竟在这个智能化的年代，拥有别人没有的数据，也是一种竞争力。

数据分享是有边界的，卡夫讷也清楚这一点，不过在他看来，如果数据公开有利于公共利益，那就应该分享。比如，在未来的自动驾驶年代，车辆之间要即时分享行驶数据，以保证交通安全。说不定未来的法律会禁止车辆在行驶中不分享数据，就像现在禁止酒驾。

2. 机器人的智能发展

比你强大的人都在努力，你还有什么理由不努力？"机器人大脑"就很厉害，还很勤奋，它不断学习网上的各种图像、视频、语音、文本或其他资料，不断总结，不断有所发现，为的是更好地帮助云机器人。那云机器人还干什么？有这么个"最强大脑"帮忙，云机器人还学什么呀？问题来了就直接甩给那个主儿，答案来了就依葫芦画瓢，这不就得了？

可是想想看，长此以往，云机器人是否将变成傻子？云机器人到底是指聪明的机器人，还是指愚钝的机器人？万一遇到连"机器人大脑"也解决不了的问题，云机器人将如何交代？如果它的主人是个血压高、肝火旺的暴脾气，看着自家的云机器人像个呆子似的，一脸茫然地站着不动，那主人还不得气得跳脚？所以，云机器人不能自以为长本事了，就学起"龟兔赛跑"中的兔子。为人类服务的路还很长，中间充满了挑战，云机器人还要把自己的机器学习继续下去。可谓是：

人一能之，己百之；
人十能之，己千之。
果能此道矣，虽愚必明，虽柔必强。

3. 安全隐忧

万物互联的智能时代离不开高速、稳定、安全的网络。传感器、智能设备、机器人都连接到了网络上，快速分享数据，可是万一有黑客入侵网络，信息就会被盗取、被篡改，你的日常习惯和时间安排也许成了公开的秘密，万一黑客利用你的智能设备或机器人来对付你，那可如何是好？你还敢住在智能家里吗？也许你感觉身处鬼屋，如芒在背，总怀疑有只眼睛时刻在盯着自己，你快要崩溃了。其实这哪里是人工智能的错？这是网络安全问题。

不过，万一人工智能出错呢？比如，云计算结果错误，本来云机器人是要处理任务1，结果"云"给出了任务2的操作方法，云机器人就傻乎乎地照单全收，那就不仅要乱套，也许还要有麻烦。这就是智能安全问题。

4. 机器人与人的关系

人们开发机器人，图的就是磨刀不误砍柴工，指望着机器人能在各行各业、在每个人的生活中发挥作用。在人类的调教下，机器人正日渐强大，它为人类服务即使不是指日可待，也绝非遥不可及。它与人类之间的关系就好比孩子与父母，孩子的茁壮成长有赖于父母的谆谆教诲。可谓是：

人之初，性本善。性相近，习相远。

苟不教，性乃迁。教之道，贵以专。

问题是，一旦机器人与机器人接上了头，它们会搞什么密谋吗？它们会背着"父母"一起去干坏事吗？听起来像科幻情节，可谁能给出确定的答案，好让人们把忐忑的心踏踏实实地放回肚子里呢？

即使没有令人放心的答案，人们也不会像 19 世纪初英国手工业者中的路德分子那样去砸毁机器。人们需要正视机器人，正确处理与它的关系，学会与它合作，学会相安无事。同样，机器人也要处理与人的关系，学会与低效率的人一起处事。到了机器人全面出师之时，我们期待看到它与人的完美合作，而不是末日对决。

第六项　DNA 应用商店

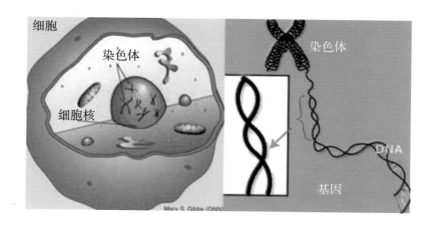

细胞

染色体

细胞核

染色体

基因

DNA

开场花絮：谁在动我们的密码

小明是医学院的尖子生，就在别人为毕业论文忙作一团时，他却如愿以偿地申请到了出国读博士的机会。一番准备，手续终于办得差不多，就差去使馆面试了。这天，天刚蒙蒙亮，寒意十足，小明起了个大早，心里暖暖地赶到了使馆。已经有很多人在排队了，大家冻得跺脚搓手，只等着使馆赶紧开门。

小明匆匆加入排队大军，兴奋之余和别人攀谈起来。大家出国的原因真是五花八门，倒也没什么稀奇，毕竟这年头儿出国的人是越来越多了，国人的见闻见识都增长不少。让小明感觉诧异的是一个小伙子，他十分腼腆，父母在国外经商，算是成功人士，此番小伙子是去和父母团聚的，用正规术语来说就是属于"亲属移民"。小伙子的手续其实已办得八九不离十了，该递交的材料都递交了，谁知最近使馆发出通知，要求他补交一份材料，今天就是为这事来的。小伙子淡淡地说，使馆要求基因检测，这是个新规定，其实就是吐口唾液留个样本，就这么简单，却要这般苦等。

小伙子说得轻松，小明却是听得一愣。基因技术近年来发展迅速，学医的人能不知道吗？可是，小明却没想到，基因检测技术竟然开展得如此之快，已经用到移民申请审查了。基因检测岂止可以鉴定亲属关系，它完全可以解读生命密码。小伙子一心想着与父母团聚，他如何知道生命密码对自己有多重要？生命密码就是自己的隐私。恐怕他父母在国外也得做基因检测呢。

想到这儿，小明不禁打了个寒战，恍然间有所悟，自己不仅要跟上最前沿的科技发展，还要关心科技对社会和个人的影响。一大早使馆门外的闲聊竟成了小明这天最大的收获，他要更好地思考留学之路。

古人云：
机关参透，
万虑皆忘。
夸什么龙楼凤阁，
说什么利锁名缰。

今个说：
基因参透，
万虑皆忘。
夸什么一脉相承，
说什么咒语作祟。

开场属虚构，要知实情，请看下文。

一、说说基因

说到 DNA，就要说基因，基因是 DNA 片段，它记录着生命的各种遗传信息，这些遗传信息关系着一个生命体的那档子事儿，无外乎生、长、衰、老、病、死。所以，基因就是带有遗传信息的 DNA 片段，它神秘莫测，人们对它崇拜有加。

形象点说，基因就像史官，像司马迁，恪尽职守地记录着一个生命体的前世今生，呈现每个生命体的《史记》。基因还像预言家，预知一个生命体的未来，因为它早就掌握了每个生命体的"天书"，于是就按"天书"密码指挥着生命。当你知道有部《史记》和"天书"记录了自己时，你的胃口会不会立马就被吊起来？想不想赶快探秘，去了解那个难以了解的自己呢？当你知道每人都有一部《史记》和"天书"时，你是否会奔走相告乡邻呢？可谓是：

愿茶坊酒肆，递互相传。
莫以孤言貌语，是端的、秘密幽玄。
凭斯用，人人有分，个个做神仙。

不用那么着急，虽然我们被丰富的想象力充盈着，想赶快翻看一下有关自己的那两本书，想赶快知道自己的秘密，但那两本书是晦涩难懂的，毕竟"秘密岂教容易辨，玄中之外更深玄"。要想打探天机，我们还是先温习一下医学知识吧。

1. 染色体、DNA、基因何种模样

但凡科学家论及遗传问题，都要提及染色体、DNA、基因。粗略的描述是这样的：染色体在细胞核里，DNA 在染色体上，基因在 DNA 上。

这听起来就像是儿时的故事：从前有座山（细胞核），山里有个庙（染色体），庙里有个老和尚（DNA），他在说故事（基因）。

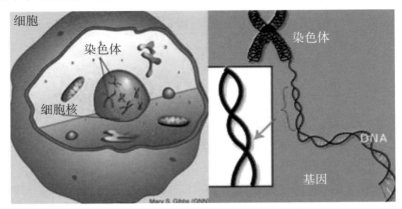

左图：中间红色区域是细胞核，染色体在细胞核中。
右图：粗略地说，DNA在染色体上，基因在DNA上。

（1） 染色体就是长线被绕在了卷轴上

人类共有46条染色体。它们如鸳鸯情侣般，成对出现，22对有相同的大小和形状，另有一对比较特别，与性别有关。这23对染色体出双入对，不知演绎了多少人物传奇，人间的许多悲欢离合也少不了它们的参与吧。如果染色体的数量不对，人就要生病。比如，唐氏综合征患者体内染色体多于46条。如果染色体的大小、形态不对，人也要生病。比如，如果某条染色体发生断裂，断裂的部分连接到另一条染色体，那么癌症的魔爪就要伸出来了。

染色体由蛋白质和DNA构成。每条染色体有一个DNA分子，多个蛋白质。DNA分子又长又细，如果纠缠起来，就像风筝线乱七八糟地缠绕在一起，细胞里就要乱套，人就要生病。好在蛋白质就像卷轴、辘轳那样，可以把DNA卷起来、收纳好，而不是散作一团。细胞还是很有智慧的，也许何日何夕邻家的老奶奶正端坐在炕头做针线活儿，动作不紧不慢，她还把手中的毛线绕成一团，绕得密密匝匝，窗外的细胞一不小心看了个真真切切，领悟在心。可谓是：

诗家三昧忽见前，屈贾在眼元历历。

天机云锦用在我，剪裁妙处非刀尺。

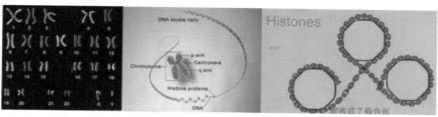

左图：人体共有 46 条染色体，它们成对出现，共 23 对。
中图：中间是染色体，长线是 DNA，下方的红点是蛋白质，DNA 绕在蛋
　　　白质上就形成了染色体。
右图：DNA 缠绕在蛋白质上。

　　（2）　DNA 就是被扭成麻花形的梯子

　　DNA 是长分子，由许多核苷酸连续排列而成。每个核苷酸都有三个
部分，分别是糖分子、磷酸盐分子和含氮碱基。碱基有 4 种，分别是腺
嘌呤、鸟嘌呤、胸腺嘧啶、胞嘧啶。这些名字听起来一点儿也不好记，
于是科研人员分别用英语字母 A、G、T、C 来代表，这 4 个字母是 4 个
英文单词的首字母，它们就是生命密码所用的字母。4 种碱基之间还有
对应关系，碱基 A 和碱基 T 相对应，碱基 G 与碱基 C 相对应。这听起来
是否隐隐地有种简洁的图形之美？谁能想到这种简洁却孕育出复杂的生
命体？可谓是：

　　　　　　人莫不以其生生，
　　　　　　而不知其所以生；
　　　　　　人莫不以其知知，
　　　　　　而不知其所以知。

　　DNA 的形状就像梯子，好端端的一个梯子，不知道被谁给扭成螺旋
形、麻花状。梯子的两边就是糖分子和磷酸盐分子，它们手拉手地排列
着。梯子中间的每个踏板都由两个碱基连接构成，不知是为哪位舞者的
纤纤素脚准备的。每个踏板的两个碱基又叫"碱基对"，一个 DNA 分子
的长度就用碱基对的数量来表示。

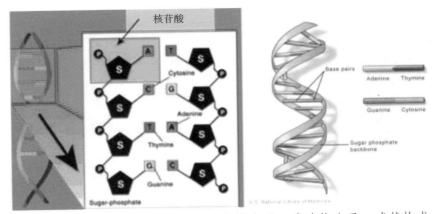

左图：DNA由核苷酸构成，核苷酸由糖分子、磷酸盐分子、碱基构成。P代表磷酸盐分子，S代表糖分子，A、C、T、G是四种不同的碱基。

右图：DNA像扭曲的梯子或麻花，呈双螺旋形。DNA中间的连接线由两个碱基组成，碱基A与T对应，碱基G与C对应。

（3）　基因就是"麻花梯"的某一段

基因是DNA片段，或者说基因就是由DNA构成的，其实DNA中的那些碱基是最重要的。人类有25000～30000个基因。不同的染色体含有不同的基因。人类基因长度不一，通常为27000个碱基对，短的有几百个碱基对，长的则超过200万个碱基对。人类基因组共有30亿个碱基对。这样听起来，基因也是够复杂的，难怪有太多问题科学家还没有搞清楚，还在忘我地忙碌着。

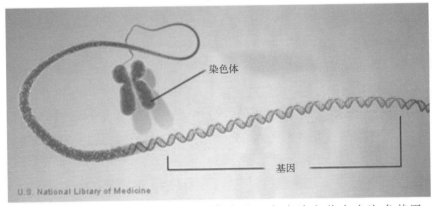

基因是DNA片段，或者说是由DNA构成的。每条染色体上有许多基因。

2. 蛋白质、DNA、碱基、基因何种能耐

（1）蛋白质是生命的基础

蛋白质也是长分子，由许多氨基酸连续排列而成。氨基酸共有 20 种，一个蛋白质有几百个甚至上千个氨基酸，这些氨基酸的排序决定了每个蛋白质的独特立体结构和功能。

蛋白质是人体组织和器官所必需的，对人体结构和功能至关重要。例如，胶原蛋白维持皮肤和组织器官的形态和结构；胰岛素是调控血糖的激素，其实也是一种蛋白质；胰蛋白酶起消化作用，也是一种蛋白质；黑色素使头发和皮肤有颜色，也是一种蛋白质。蛋白质那么重要，那它是怎样产生的呢？这就要依靠 DNA、碱基、基因。

（2）　DNA 是遗传信息，碱基是密码字母

DNA 分子是遗传材料，相当于遗传信息。具体来说，DNA 上的碱基承载着遗传信息，碱基的排列顺序就是遗传信息编码，4 种碱基按不同比例和顺序排列就谱写了人类的"天书"。每 3 个碱基的排列被称为密码子，通常代表一种氨基酸，也就是一种氨基酸的密码。例如，GCA 代表丙氨酸，AGA 代表精氨酸。

这里有道高中数学题：4 种碱基，每次取 3 种排列，可以取同一种，共有几种排列？答案是 64 种，这就是人类密码子的数量。

还有一道初中数学题：如果一种密码子代表一种氨基酸，共有 64 种密码子和 20 种氨基酸，一种氨基酸对应几种密码子？

答案是一种氨基酸会对应一种或一种以上密码子。例如，GCA、GCC、GCG 都代表丙氨酸。

所以，细胞的事情也是蛮让人头疼的，当你以为掌握了规律时，结果又有特例出现。有些氨基酸对应一种密码子还不够，非要对应一种以上密码子，是喜欢玩变脸吗？还有呢，虽说每种密码子通常代表一种氨基酸，可偏偏有密码子性子比较拗，就是不代表任何氨基酸。总之，"执拗"的密码子和"变脸"的氨基酸一凑合，就成了 64 种密码子和 20 种氨基酸。

（3） 基因是蛋白质生产指令

都说基因决定一个生命体不同方面的特征，蛋白质对人体结构和功能至关重要。这两句话给人的感觉就是基因和蛋白质对生命体都很重要，它俩之间有什么逻辑关系吗？其实一个基因就是一种蛋白质的编码，就是生产某种蛋白质的一套指令，一套指令里有很多密码子，就好像石榴里面有很多石榴籽儿。基因会通过自己的方式把指令表达出来，告诉细胞该生产什么蛋白质、生产多少、什么时候生产、在哪儿生产。这样的指令很重要，这样的生产很重要，基因指令触发了蛋白质的生产。

基因表达指令是两步曲，分别是转录和翻译。细胞核里有一种与 DNA 类似的分子，叫 RNA，也就是核糖核酸。一个基因把自己的碱基排序信息传给 RNA，也就是亲授自己的密码子，RNA 备受点拨，于是带着生产某种蛋白质的密码信息离开细胞核，去履行使命，这个过程就叫作转录过程，此种 RNA 就叫作信使 RNA，感觉有些像神行太保戴宗。信使离开细胞核后，就来到细胞质，那是另一片疆土，有着不同的方言，无人能懂信使。信使很是着急，它知道自己身负重任，必须要把密码指令尽快传递出去，否则就会出事。情急之下，信使找到了翻译，它就是核糖体，能够读懂信使带来的密码内容，核糖体很负责任地把破译的碱基顺序告诉工人。工人名叫转移 RNA，一边听着核糖体的翻译，一边就把氨基酸合成蛋白质。看来，基因这个好汉也是需要三个伙伴来帮忙的，邮差、翻译、工人，一个也不能少。可谓是：

一个篱笆三个桩，一个好汉三个帮。
一根竹竿容易弯，三根麻绳难扯断。
一花独放不是春，万紫千红春满园。

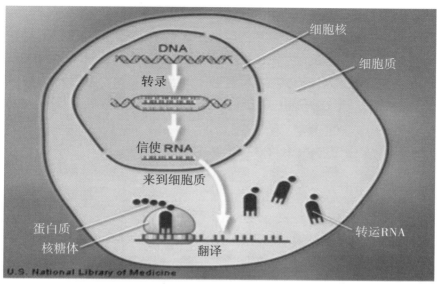

基因表达的内容是蛋白质生产指令。基因表达分两步：转录和翻译。基因把碱基排序转录给信使 RNA，信使 RNA 离开细胞核，来到细胞质。由核糖体来翻译信使 RNA 上的碱基排序，由转移 RNA 来合成蛋白质。

（4）　基因的开关

　　每个细胞都有完全相同的基因，但不能每个细胞里的所有基因都发出指令，否则人体大乱，人也许就不是人了。试想一下，谁都不愿自己的头顶上长出牛犄角一样的骨头来，所以头皮细胞就不能生产促进骨头生长的蛋白质，也就是说头皮细胞里与此相关的基因必须被关闭。

　　你不得不再次叹服细胞的智慧，它利用一些化合物就解决了基因关闭问题。比如，甲基是由一个碳原子和三个氢原子组成的小分子，当它附着在某个基因上时，那个基因就会被关闭，相应的蛋白质就不被生产。不过，基因关闭问题必须妥善处理，如果该关闭的没被关闭，或者不该关闭的被关闭了，那问题就大了，遗传性疾病就来了，例如癌症、新陈代谢紊乱、退行性疾病等。

　　蛋白质受到环境因素或其他细胞的刺激，结合在基因的一些部位，就能影响基因的转录水平，要么增加，要么减少，也就是决定在何时何处生产何其多的何种蛋白质。这些决定基因转录水平的蛋白质叫作转录因子，它们就如同基因的调控开关。

粗略地总结一下本来复杂的逻辑：碱基的排列顺序决定了氨基酸的排列顺序，氨基酸的排列顺序决定了蛋白质的结构和功能，蛋白质的结构和功能决定了人体的机能。甲基等化合物附着在某个基因上，这个基因就被关闭。转录因子蛋白质结合在某个基因部位，就可调控这个基因。

3. 基因与你我他

（1）可爱的基因

每个生命体的基因，也就是史官兼预言家的家伙，一直静静地待在生命体里，忠实地履行自己的职责，不偏不倚、实事求是地记录着，按"天书"为生命指路。于是，每个生命体就变得独一无二，就有了自己的身体特质、性格特征、健康趋向等个体属性。

比如，有些人从小到大偏爱吃甜点，就是因为他们身体里有一种基因，它会使人爱上甜品。再看看英国的威廉王子，好端端的一个帅小伙儿，现在已经明显秃顶了，不过看看他的爷爷菲利普亲王，他的爸爸查尔斯王子，他的叔叔安德鲁王子和爱德华王子，你就会明白了。原来，这个皇室家族从爷爷辈开始就代代相传一种基因，它会令人秃顶，它会忠实地让美男子在"天书"上记载的时刻开始谢顶，一丝一缕地，直至最后遗憾地变成秃顶。威廉的宝贝儿子长大后会怎样呢？谁能帮他关掉那个拿人头发开玩笑的基因？

（2）可怕的基因

有关基因与生命的关系，还有令人震惊的例子，此处就讲讲美国第35任总统约翰·肯尼迪的家族。别看肯尼迪家族成员几乎个个是大牌，却是出了名的倒霉，以至于人们曾经一度以为这个家族被诅咒了。只要略微浏览一下这个家族的历史，你就会后背发凉。1944年，肯尼迪的哥哥在二战中死于飞机失事，1963年肯尼迪被暗杀，1968年弟弟在竞选民主党总统候选人时被暗杀，1999年儿子小肯尼迪死于飞机失事。还有几个"肯尼迪"也死于非命。其他"幸运"的家庭成员则遭受了车祸、吸毒、强奸指控等麻烦事。

这到底是怎么回事？莫非真有咒语？多亏科学消除迷雾，众生的恐惧才终得散去。1993 年，科学家发现了一种基因，取名 DRD47R，它被认为与冒险行为直接有关。带有这种基因的人通常性格外向，勇于探索冒险，甚至还能长寿。如此看来，谁有此种基因就犹如买彩票中了大奖，既能享长寿，还能成就一番事业，足可引以为荣啊。可是，美国的一位分子遗传学教授却不持这般观点，他指出冒险有负面影响，肯尼迪家族成员就是例证，他们大都寻求冒险刺激，最终亡于非命，这很可能就是DRD47R 基因在他们体内"作祟"。

看来，肯尼迪家族的多舛命运不是源于什么诅咒，而是由于一种基因，一个貌似不错的基因却孕育了家族的悲剧。不过，也许基因仅仅是内因，不容忽视的外因也或多或少地左右了肯尼迪家族的悲剧命运。原来，肯尼迪家族虽家境殷实，孩子们衣食无缺，但与孩子们朝夕相伴的不是慈父慈母或严父慈母，而是严父严母，一对真正的"虎爸狼妈"。父亲争强好胜，教育方式冷酷无情；母亲缺乏常人情感，待人冷若冰霜。在这个富有而冰冷的家里，孩子们得不到温暖，体会不到关爱。他们在成长的过程中，经历了怎样的心路历程，也许无人能知其详。你说他们的冒险刺激精神与这个外因有关吗？

二、谁在淘金

1. 对大数据的呼唤

人们日渐意识到基因的重要，开始尝试从基因入手求得问题的答案。比如，医生从基因入手来破解不治之症和疑难杂症，历史学家从基因入手来找寻人类迁移的线索，有些人想从自己的基因了解自己的疾病隐患。

这些想法都是有意义的，而基因测序就是找出碱基的排序，分析碱基排序的意思，找到问题或线索。可是别忘了，人类有 25000 ～ 30000个基因，共有 30 亿个碱基对，必须要有海量的个人基因数据才能有所发现。如何才能收集到这个大数据呢？这本身就是一个棘手难题。如果基因测序和分析的费用过高，普通大众就会望而却步，大数据将更难收集。

2. 检测费用降下来

（1）检测机构在竞争

顺理成章的逻辑就是，只有把基因测序分析的费用降下来，让普通人也能承受得起，才能使基因数据像雪球一样越滚越多。已经有些公司跃跃欲试了，其中一家美国公司吹出风来，它测序 20000 个基因仅收费大约 100 美元，仅为其他公司收费的五分之一。这家公司 2015 年 8 月才成立，位于美国旧金山，英文名为 Helix，意即"螺旋"。DNA 呈螺旋形状，研究 DNA 的公司就直接取名"螺旋"，够直白。它的投资方之一很牛，名为"Illumina"，意思是"启迪"，很有点儿开智引领的意味，是一家制造超速基因测序仪的顶级公司。以前，"启迪"基因测序仪动辄价值上千万美元，只能为大型研究机构提供服务，现在则是体恤普通大众，一咬牙一跺脚开出了"跳楼价"。

（2）检测设备的改进

当然，对于降价，"启迪"也是心里有数的。能够开出"跳楼价""出血价"的测序服务，是因为测序仪的质量在不断提高，测序速度越来越快，测序结果越来越准确，而且测序仪本身的成本也不断下降。这就好比手机，从"大哥大"到智能阶段，从 2G、3G 到 4G、5G，手机越来越好，而价格也不断平民化。

关系基因检测费用的因素还有很多。比如，基因检测中要使用化学试剂来标记 DNA，这些化学成分和染料是测序中最贵的部分。如果能够确保每次使用试剂得到更多的基因数据，那么测序费用也可以降低。

（3）检测技术的提高

目前有三种不同水平的基因检测技术。最高端的技术是检测整个基因组，也就是分析某人的所有 DNA。这种方法比较贵，曾经贵到只有富人才承担得起，现在费用降下来了，大概需要几千美元。这种技术能提供大量的基因数据，数据多到连科研人员都招架不住。最便宜且最为普遍使用的是对基因组的特定部分进行分析，也就是分析与祖源、遗传或疾病有关的特定基因。处于中间水平的检测方法是对整个基因组中与蛋白质生产有关的部分进行分析，这种方法花费不到 1000 美元，可以找到与复杂疾病相关的基因，还能分析个体特点。

看来，基因检测技术有不同的难度系数，三种不同水平的技术就像三个台阶，需要检测机构去攀登、去征服。当其他检测公司还在攀登第一个台阶时，"螺旋"已计划攀登第二个台阶。

不过，基因检测也无须过度进行。不是说基因检测技术水平有多高，人们就要接受多大程度的基因检测；不是说科研人员发现某种基因变异会导致某种疾病，人们就要进行某种基因检测，看看自己是否有某种基因变异。早在 1995 年，美国人类遗传协会就对儿童基因检测进行了利弊分析，不主张儿童和青少年进行疾病风险基因检测。当然，协会也不是全盘否定基因检测，而是建议根据儿童的症状，对可能的元凶基因进行检测，无须检测所有基因。

3. 网络技术用起来

（1）赶时髦的线上平台

基因信息收集和分析有科学价值，也有商业价值，在科学家眼里有着不可估量的科学研究价值，在商家眼里就是一个淘金福地。在中国，各种基因测序公司和机构已如雨后春笋般兴起，2016年9月，中国国家基因库也建成运营。似乎在这股热气腾腾的基因检测潮中，"螺旋"也没什么特别。不过，在2016年十大突破技术金榜上，"螺旋"的确榜上有名，这不是假的。那么，与其他基因检测同行相比，它到底有什么特别之处呢？

"螺旋"从出道伊始就是冲着掘金去的，它的吸金且吸睛大法除了低价外，还有一种配套的商业模式。在互联网的时代背景下，"螺旋"准备全力打造全球第一的基因App应用商店，用时髦话来说就是打造"线上平台"，顾客可以借此了解自己的基因信息，进行基因分析的科技公司可以获得基因信息，两全其美。真这么干的话，"螺旋"也许最终会收集到基因大数据，以供科学分析之用，在这个年代，这可堪比黄金白银，价值不可估量。

（2）线上平台操作指南

具体来说，如果你觉得自己的体育成绩不错，可是茫然不知自己最适合哪项体育运动，在哪个项目上通过勤学苦练能够出成绩，怎么办呢？"女怕嫁错郎，男怕入错行"，既然你是冲着奥运冠军去的，那么你就需要大师来指点迷津，此时就用得上"螺旋"了。

首先，你购买并安装"螺旋"的App应用软件，自然地留取唾液，大大方方地按地址给"螺旋"寄过去，虽有点恶心但也不必计较。接下来，"螺旋"以唾液为样本进行基因测序，获得基因数据，这些数据给你估计也没什么用，因为它看起来就像一部天书，你是读不懂的。此时就需要基因分析的科技公司了。进行体育潜质基因分析的第三方会从线上平台获得你的"天书"，经过专业的科学分析过程，然后慎重地交给你一份科学报告，这下你就看得懂了。这份报告至关重要，因为它关乎你的体育潜质，关乎你的梦想和彷徨，关乎你的锦绣前程，它引导你在人生的十字路口做出正确的选择。你一边认认真真、逐字逐句地阅读报告，一边又感慨万千、激动不已。对了，要拿到这样一份报告，你需要事先向第三方公司付费，它有具体的收费标准。

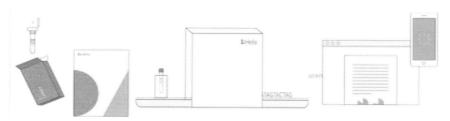

左图：将唾液寄给"螺旋"。中图：基因测序。右图："螺旋"应用商店上有报告。

需要注意的是，虽然你仅仅咨询了有关自己运动潜质的信息，但是"螺旋"会保存你的基因测序数据，以备你今后使用。真可谓一口唾液看乾坤，何必再来一滴血。这种策略先用低价把客户吸引过来，再用 App 把客户攥在手中。

（3）分工合作的线上平台

也许你已经看出来了，"螺旋"所提供的基因测序和分析服务是分两段进行的。"螺旋"负责基因测序，它为客户提供基因测序和数据库服务，把客户的基因数据信息保存在"云端"，为客户的基因数据信息保密。都说术业有专攻，即使"螺旋"旗下全部汇集博士毕业的顶尖人才，也不能完成所有分析工作。第三方合作公司就是负责基因分析的，它们是专业的基因分析科技公司。这样一来，铁路警察各管一段，通过分工合作共同打造一个线上平台。

至于与"螺旋"合作的第三方，还需要多言几句。这些基因分析科技公司也不是什么都接手分析，而是各有侧重，有侧重分析家族信息的，有进行健康诊断分析的，还有从事个人身体特质分析的，等等。这些公司也有自己的应用程序，所以下一次你想知道自己另一方面的特点时，就可以直接使用相应公司的应用程序，向该公司付款，该公司就从"螺旋"的大数据平台调取你的基因数据，然后为你制作分析报告。比如，美国有名的西奈山医院与"螺旋"合作，开发一款应用程序，针对基因遗传问题，提供有关基因遗传问题的咨询，让准备为人父母的人提前了解他们的基因缺陷遗传给孩子的风险。

看来，基因数据分析公司就相当于咨询公司，提供专业的咨询服务，帮助你更好地认识你自己。世上最难的事就是认识自己，以至于人们要"吾日三省吾身"。现在好了，终于有办法可以好好认识自己了。

其实，"螺旋"的合作伙伴有多种类型，除了提供服务的科技类公司、实验室、医疗机构外，还有不少提供消费品的生产和经营企业。比如，食品公司可以提供适合个体基因情况的定制食品，运动品牌可以制作与个体基因情况符合的鞋子，饮料经销商可以针对顾客的口味销售饮料，而对顾客偏好的精准判断就来自对他们的基因数据的分析。

（4）密集筹备的线上平台

只可惜，2015 年夏"螺旋"才筹措资金到位，于是开始张罗它的基因应用商店。目前这个线上商店尚未开张，仍在紧锣密鼓的筹备中。面对各种竞争，想必"螺旋"也不愿耽误过多时间，它盘算着在 2016 年或 2017 年开始营业。想想看，"螺旋"一边要争当天下第一，一边又要赶时间，辛苦自不必说，如果背后没有雄厚的实力，恐难为继。还好，作为公司主心骨的老板踌躇满志，更无须说他背后有一个个合作伙伴力挺。面对着已布置了好几英里长的数据线缆，还有那码放得颇有阵势的一台台基因测序机，他气势如虹，说这会是全球最大的基因测序中心，每年能为上百万个样本提供基因信息分析。此情此景，无怪乎"螺旋"这个尚未开张的线上商店能榜上有名。

三、"吃螃蟹"的忧思

1. 个人基因信息不是儿戏

基因数据信息毕竟是个人隐私，是比"年方几何""年薪若干"重要得多的个人隐私，需善加看护。一旦个人基因数据被"人肉搜索"，然后被用于不可告人的目的，一旦别人对我们的了解远远超过我们对自己的了解，别人知道我们将会发生什么，而我们自己还蒙在鼓里，那岂不是非常可怕？知己知彼，百战不殆。不知彼还不知己，麻烦大了。更何况，个人的基因信息不仅仅是关乎自己的，还关乎自己的血脉亲人。一旦个体的基因信息被泄露，整个家族的基因信息也就公开了。

基因检测分析技术发展迅速，基因检测公司把检测分析费用一降再降，普通人也能承受。个人出于好奇获得了自己的祖源血统信息，或者是出于健康考虑获得了自己的体质信息，可同时基因检测公司获得了大量的个人基因信息，积累起基因信息大数据。这个大数据有助于科研人员的研究，有助于提高疾病治疗水平。可是基因检测公司会滥用个体基因信息吗？它们除了进行科学研究外，会另有所图吗？它们口口声声说要维护个人基因信息安全，可是它们做得到吗？我们的基因信息安全靠谁来保护呢？靠自己显然不够，恐怕还要靠国家，靠国家的法律和监督机构对基因检测公司进行有效的规范和监察。

搭建基因检测线上平台，一切的一切都是围绕基因，用户为此而来，"螺旋"把个人的基因信息收将过来，合作伙伴又拿将过去。如果稍有闪失，客户基因信息落入不法分子之手，客户不会买账，这也尽在情理之中。更何况，美国对市场监管非常严厉，美国食品药品管理局严格要求商家要切实维护消费者个人信息安全。"水能载舟，亦能覆舟。"客户用自己的隐私信息垒出"螺旋"的事业，他们当然也可以不再搭理"螺

131

旋"，令所谓的世界第一平台轰然倒塌。

2. 法律边界不能跨越

基因大数据既是无价之宝，也是烫手的热山芋，"螺旋"必须要搞清楚，法律允许的边界在哪里。

此种谨慎并非空穴来风。美国最早有一家公司名叫"23和我"，2006年成立，专门提供基因检测服务。公司名如其人，因为人体有23对染色体，DNA存在于染色体中，基因又是DNA片段，所以"23和我"这个名字无非是说基因与个体的关系。

"23和我"的基因检测服务收费仅为99美元。检测方法也是由顾客寄去唾液样本，然后公司检测DNA中与个体特质有关的上千个区域。不知道是因为基因含有的信息内容实在是太多了，还是因为"23和我"实在是挡不住诱惑了，它从最初只提供祖先和血统分析，发展到健康风险分析，为顾客测算疾病风险概率。这下就越界了，也因此招来了麻烦。

按照美国联邦法律，任何旨在治疗、减轻、防治或者诊断疾病的装备统统属于医疗设备，必须事先获得美国食品药品监督管理局（FDA）的准许，由该局认定为安全有效方可使用。"23和我"利用基因检测设备提供健康风险分析，这使它的基因检测设备落入法律规定的医疗设备范畴。2013年11月，该公司因为不符合规定被叫停提供健康风险分析。后来，几经努力，2015年10月终获许可，才可以堂而皇之地为消费者提供健康风险分析，不过这也是有严格限制的，只能为遗传罕见基因疾病的人群进行健康风险分析。

3. 竞争对手已先行一步

似乎美国的基因检测公司在给自己取名时都很直截了当，无论是"螺旋"，还是"23和我"，让你一看便知。另有一家美国基因检测公司也是这样，取名Veritas Genetics，即"遗传真相"，所传递的信息无非是从遗传中寻求真相，从自己的基因遗传信息中寻求自己的真相。2015年秋，"遗传真相"开始做基因测序分析，还开发了应用程序，为客户提供全部染色体的测序，顾客可以通过应用程序查看自己的基因数据，还可以在线预约基因顾问，进行咨询问答。看来，"遗传真相"和"螺旋"所做的事情如出一辙，如果它不加入"螺旋"的大数据平台，它就是"螺旋"的有利竞争对手。

4. 市场需求从哪里来

技术进步和实际应用不总是步调一致、一步接着一步的，不是技术每前进一步，应用就紧跟一步，有时是螺旋式缓慢递进，有时是令人无奈的不合拍。在基因研究领域，虽然科研人员意识到了基因的重要性，可普通大众不是专业人士，对基因要么不明就里，一味排斥，或一味盲信以致被骗，要么认为属于个人隐私，不足为外人道也，请别人高抬贵手。只有摘掉基因的神秘面纱，进行基因知识的科普推广，才会使公众对基因有想法。

其实谁不想了解自己呢？看看少男少女对属相星座书爱不释手就知道了。据说，世界最终极的三大哲学问题是"我是谁""我从哪里来""我到哪里去"。不管这三个问题是否真的具有如此高的地位，大多数人还是挺想了解自己的前世、今生、未来的，而且为了寻找答案做了各种尝试，有试图从家谱中找寻的，有从历史中找寻的，有从宗教找寻的，也有从医学找寻的，还有通过塔罗牌等算命工具找寻的，如此等等。现在有了基因检测分析服务，人们就多了一个了解自己的科学手段。只要晓之以理，众人不亦乐乎？

比如，美国著名电影演员安吉丽娜·朱莉的家族有癌症史，借助基因检测技术，她发现自己有某种基因缺陷，容易患癌。为了防患于未然，朱莉先后做了双侧乳腺切除手术、卵巢和输卵管切除手术，现在她坦然面对未来，不再担惊受怕。又如，"23 和我"提供祖源血统检测服务，可以告诉你"你是谁""你从哪里来""你的祖先的故事"，甚至可以找到与你有类似 DNA 的人群，也就是你的 DNA "亲戚"，借此你就可以认识一大拨朋友，他们也许分散在世界各地，你们可以建一个 DNA 微信群，共同分享生活片段。

5. 不是万能的，也不是万万不能的，怎么办

（1）思辨一下

也许有人会反驳说，不是也有基因相同的双胞胎性格相左、健康迥异吗？依赖基因检测能行吗？其实，基因只是解开三大哲学问题的线索之一，后天环境则是另一个重要因素。比如肯尼迪家族，除了冒险基因外，严苛无情的后天成长环境也是悲剧的幕后推手。所以，只了解基因，不了解外因，那有什么用？可以说，了解自己的基因不是万能的。那么不了解自己的基因是万万不能的吗？似乎也不能这样说。很多健康长寿、颐养天年的人其实并不知道自己的基因，不是也活得好好的？他们生性乐观，起居有常，粗茶淡饭，轻松活过百岁。可谓是：

结庐在人境，而无车马喧。
问君何能尔？心远地自偏。
采菊东篱下，悠然见南山。
山气日夕佳，飞鸟相与还。
此中有真意，欲辨已忘言。

既然了解自己的基因不是万能的，不了解自己的基因不是万万不能的，那谁还想了解基因呢？"螺旋"们吃第一个"螃蟹"时，心里是否会犯嘀咕？这个"螃蟹"能吃吗？基因检测的市场需求靠得住吗？未来会怎样？

（2）患得患失

"23和我"就被这些问题问倒了。它曾经是那么豪情万丈，要建立基因大数据，要让研究人员手中有"粮"，要推动基因研究，要发现基因和疾病之间的关联，要改进疾病诊断和药物开发。可结果怎样？从2016年10月起，它一改常态，不再做新一代基因检测，就这样放弃攀登第二个技术台阶，全无释然，只有无奈。

这种从火焰到海水的转折缘何而来？"不思进取"是为何？是财务出了问题，还是违法了？对一个企业来说，财务和法律可是生死攸关的问题。"23 和我"澄清说与这些都没关系。那么谜一样的转折到底是为哪般呢？

原来，基因检测即使到了第二个技术阶段，也只能告诉人们患某种疾病的可能性和概率，而"23 和我"希望自己提供的检测结果是清晰的、准确的，不是含糊其词的。假如，某人经过基因检测，发现患乳腺癌的概率是 5%，那么此人该怎么办？是完全不理会，还是提前进行医学干预？到底应该怎样利用基因检测结果呢？基因检测该怎样发展？没有标准答案，无人能给出答案。"螺旋"和"遗传真相"也才开展业务，未来怎样亦未可知。冷静过后，"23 和我"做出了艰难的决定：放弃新一代基因检测，专心核心业务，也就是闷头搞祖源分析。不过，即便决定如此，"23 和我"还是患得患失：万一未来基因检测对预防疾病非常有用，那怎么办？"23 和我"真舍得放弃一个"大蛋糕"吗？

（3）憧憬一下

世界变化太快，谁知道哪天会不会做基因检测像做体检那样司空见惯，人人期待了解自己的基因？或至少某些人渴求通过基因了解自己、解决自己的问题？比如，癌症患者需要先做基因检测来确诊病情，然后再确定治疗方案。那时候，是不是基因检测的线上和线下商家就要荷包鼓起来了？那时候，基因检测是否也成为人们心目中的上上医，像春秋战国时期的扁鹊那样，为人们早期预防疾病做出贡献？

6. 想说爱它不容易

目前，基因检测技术还不是尽善尽美，研究人员还不能给出十分确定的分析结论，这些都会影响它的应用。"螺旋"的一位顾问是哈佛大学的遗传学家，他说目前只有 1% ～ 2% 的基因检测结果可以帮助用户预防疾病。美国人类遗传协会曾经建议，如果基因检测公司不能提供准确可靠的基因检测结果，消费者就最好不要进行基因检测。听起来，基因检测的处境还是挺尴尬的，想说爱它不容易。

想想看，如果进行基因检测后发现某人有着基因缺陷，这是否会影响他的升学、就业、投保、婚姻，他是否会受到歧视和排挤？看看吧，基因检测又牵扯上了法律和道德问题。它就像魔瓶，打开它，会出来什么呢？是希望还是绝望？

万一检测结果是错误的呢？那当事人不是更加冤枉吗？就像莫泊桑的小说《项链》中的主人公，因为爱慕虚荣，向朋友借了钻石项链参加舞会，结果弄丢了，只好借钱买一条还上，此后节衣缩食，劳苦十年，终于还清债务，而此时得知所丢的不过是一条便宜的假钻石项链。基因检测会给我们开这样的玩笑吗？

也许可以编一篇小说《基因》，以飨读者，作为本项技术的结尾。主人公是美国某所大学数学专业高才生，博士毕业后顺利进入一家华尔街金融公司工作。听说基因检测很厉害，他很想了解自己的基因，看看自己是否有什么过人之处。于是他按照检测公司的要求交了钱、寄了样本，得到了检测报告。白纸黑字写着他有基因问题，那个位于X染色体的负责形成红绿感受器的基因有问题，也就是说他会红绿不分，其他颜色也会看错。他惊呆了，检测报告无力地从手中飘落到了地板上。自己的职业需要天天看股票行情，需要分析价格波动，需要制作趋势图，用不同颜色标记不同金融指标的走势，如果红绿不分，就会影响工作；如果老板知道了，自己会被炒鱿鱼。之后的情节跌宕起伏，想象空间很大。这里就给你一个不结尾的结尾。

第七项 "太阳城"超级工厂

"太阳城"的布法罗超级大工厂,这里以前是个钢铁厂,距离市中心不远。

开场花絮：屋顶上的童年

小明喜欢看书，看着看着还会发呆，托着腮帮，令思绪神游。除了看书之外，小明还爱做一件事，只可惜要等到学校放假才行。原来小明的奶奶住在乡下，有一个老式的房子和大大的四合院。四合院里种了柿子树、核桃树、各式时令蔬菜，奶奶做饭时随手从院子里摘点儿就够做一顿。别看奶奶年纪大了，可身体硬朗，全得益于多年的下地劳作。每到暑假和秋假，小明就喜欢去奶奶那里，喜欢顺着奶奶用了多年还依然结实的梯子爬到屋顶上，夏天就看那远近高低的绿色农田包裹着整个村子，秋天就看那金黄色的柿子挂满各家院落，还有玉米棒子晒满了各家屋顶。祖孙俩一起在屋顶上砸核桃，有说有笑。每年秋天奶奶都要拿着砸好的核桃肉到村里的油坊榨核桃油，好给小明带回城里慢慢吃。奶奶和她的老屋顶就是小明梦里那道抹不去的风景。

小明的姥姥一直与舅舅住在美国，这个暑假妈妈让小明独自去美国看望他们。姥姥住在一个小镇上，那里家家户户都住平房，房子都很漂亮，院里院外无处不是鲜花。小镇也到处清清爽爽，行人不多，静悄悄的令人感到安逸。这天午饭后，姥姥午睡了，小明在院子里找到一架梯子，他想爬到屋顶上去欣赏小镇的模样。当他三下五除二爬到梯子顶端时，他愣住了，这个屋顶和奶奶家的屋顶完全不一样，放眼望去，似乎各家各户的屋顶都是这个样子。一块块深蓝色的方格子整齐地码在屋顶上，就好像一块块巧克力。这是什么美式屋顶？

从梯子上下来后，小明就静静地在院子里看起书来，可满脑子都是那个屋顶。终于听到屋里有声响了，一定是姥姥午睡醒了。小明飞快地跑进屋，迫不及待地问姥姥关于屋顶的事情。听到姥姥说屋顶可以发电，有了它家里就可以节省电钱，小明的眼睛都瞪圆了。只可惜，对于小明打破砂锅问到底的其他细节问题，姥姥就不知道了，她让小明等舅舅回来再问。那天整整一个下午，小明就待在院子里看书，时不时望望院外，等着舅舅回来。

古人云：
横看成岭侧成峰，
远近高低各不同。
不识庐山真面目，
只缘身在此山中。

今个说：
横看成岭侧成峰，
远近高低各不同。
不识屋顶真面目，
只缘才从别处来。

开场属虚构，要知实情，请看下文。

一、"太阳城"的大手笔

1.两厢情愿，各取所需

美国五大湖区，伊利湖畔，布法罗河滨，布法罗市，一个开发园区，从 2015 年到 2016 年的两年间，总是一派热气腾腾的建设景象，美国未来的太阳能产业基地就在这里诞生。

"太阳城"的布法罗超级大工厂正在建设中。

这是一个筑巢引凤的工程，由美国纽约州政府栽种"梧桐树"，引来"金凤凰"。州政府慷慨出资 7.5 亿美元，单辟一块地，又是建厂房，又是买设备，帮助美国太阳城公司开办布法罗工厂，生产太阳能板。单说这块地，面积就有 120 万平方英尺，也就是约 11.14 万平方米，这是首都师范大学 1/8 的面积、天安门广场 1/4 的大小。10 年间，"太阳城"每年只需向州政府支付 1 美元。谁都知道这就是象征性付费、收费，州政府的诚意可见一斑。不仅如此，10 年期限结束后，"太阳城"可以决定是否再续 10 年，州政府的收费标准依然不变，每年 1 美元。

天下没有免费的午餐，州政府拿出这般诚意到底为哪般？原来，州政府是醉翁之意不在酒，它要的不是钱，而是机会，是当地人的就业机会，这在美国经济低迷、失业率居高不下的背景下，显得异常重要。虽说全球人都知道没钱是万万不能的，可有钱也未必能解决所有问题。纽约州政府就是明智人，深知钱可以解决一时的问题，但要想让当地长久繁荣、地泰民安，需要的则是就业机会，要人人有活儿干，人人有钱赚。

最后，州政府与"太阳城"商量的结果就是：未来 10 年内"太阳城"要在纽约州投资 50 亿美元，要为纽约州提供就业机会，既要提供蓝领的工作机会，也要提供白领的工作机会，要从高技术岗位到生产岗位再到销售和安装岗位一应俱全。至于具体岗位数量，这官私两家也有言在先。大家就一切按约定照章办事，各尽其责，各取所需。

现在想来，州政府出资 7.5 亿美元，换得"太阳城"的 50 亿美元投资，还换得了大量就业机会，还是很划算的。否则，设想一下，即便把 7.5 亿美元当作福利，救济失业者、穷苦人，又能怎样？不是说钱来得容易也会去得容易吗？等他们吃光、喝光、用光、花光、消费光后，又该怎么办？还不如给他们工作，给他们工作中学习的机会，这样他们就能自己赚钱，好好利用自己的辛苦钱，从工作中看到自己的价值，找到生活的方向。如此看来，纽约州政府的这个工程，对金凤凰来说，是筑巢引凤工程；对当地人来说，就是一个授渔工程。这个工程功在当代，利在未来。

2. 非凡人的非凡举

州政府大笔出手，到底引的是一只怎样的"金凤凰"呢？"太阳城"号称美国太阳能行业老大，在布法罗建立超级工厂也是它的一个大手笔。深挖一下"太阳城"，你就会明白这个公司不一般，它命中注定就是要朝着最大、最好、天下第一去的。

何以如此呢？不为别的，就是因为它的背后是全球大名鼎鼎的埃伦·马斯克。至于马斯克是何许人、有何等能量，前面已提及。"太阳城"就是由他提议，他的两个表弟一拍即合，而后在 2006 年建立的。

两个表弟是马斯克母亲的双胞胎姐妹所生，也绝非凡人，尤其是林顿·瑞夫，他在 17 岁时就开办了自己的第一家公司。想想各国年轻人在这个年龄都在干什么，你也许就会对他钦佩有加。想必这三个表亲血管里都流淌着类似的血，骨子里都是卓尔不群的性格，少年壮志不言愁，志向凌云不言败。

老板那么厉害，他们的公司能弱吗？"太阳城"成立后发展迅猛，从公司本部位于的加利福尼亚州圣马特奥市很快就发展到了美国各地，在各地建立了运营中心，承接太阳能板的安装业务。2007 年，仅一年光景，"太阳城"就一跃成为美国数一数二的家用太阳能板金字招牌。可谓是：

> 山，快马加鞭未下鞍。
> 惊回首，离天三尺三。

建立布法罗工厂又是为哪般呢？直接的原因是建立大工厂可以大量生产，可以降低生产成本，可以保证稳定的货源，但归根结底还是由三兄弟的性格决定的。他们总是不满足于现状，不想贪图安逸。也许他们深谙"不进则退"的道理，也许他们秉持的人生哲学就是：生活是为了探索，探索未知世界。总之，兄弟三人不满足于在美国当个业内老大，要布局新厂抢占市场，抢得先机，成为北美地区乃至全球最大的太阳能板生产基地。这是何等气魄，常人难以想象。

按照马斯克的筹划，布法罗超的大工厂要每天生产 10000 块太阳能板，相当于每年 1000 兆瓦太阳能，在未来的 10 年内，公司整体要实现每年安装上万兆瓦太阳能板。按照这等筹划，一旦布法罗超级大工厂开工，在太阳能行业里，从生产到安装，"太阳城"就可以一条龙似的跑马圈地，左右开弓，赚它个盆满钵满。常人除了惊叹、羡慕外，是否敢动这个念头，豁出去大干一场？

二、"太阳城"的原力

1. 高技术带来高效率

(1) 如获至宝

"太阳城"就像绝地武士那样,不断修炼原力而变得强大。它此番能在布法罗有那么大的动作靠的就是 2014 年 6 月收购一个小公司时获得的一项技术,这项技术可以提高太阳能板的转换效率,能把更多的太阳光转换为电能。"太阳城"当年如获至宝。

此处需多表一人——澳大利亚新南威尔士大学教授马丁·格林,因为"太阳城"2014 年通过收购获得的技术其实就间接来自于他。马丁教授专门从事太阳能研究,可以算得上是太阳能领域的先驱。1974 年由他倡导在新南威尔士大学建立了太阳能光伏组,专门研究开发硅太阳能电池。20 世纪 80 年代初,这个研究组小有成就,研制了当时全世界最高转换效率的硅电池,转换效率达到 20%。这个数字即便在今天也算了得。也就是说,在 30 多年的时间里,在全球范围内,光电转换效率没有什么实质性提高,看来这不是件很容易的事,能够得到马丁教授的技术就是幸运的。

(2) 谁与争锋

2015 年 10 月,"太阳城"运用这项技术,把 N 型单晶硅与铜电极、钝化薄膜和一层半导体氧化物结合在一起,实现了每个模块 22% 的光电转换效率。而大多数同行的硅电池板转换效率还为 16% ~ 18%,竞争对手"太阳能"的电池板转换效率是 21.5%。看来"太阳城"遥遥领先于大多数同行,同时也有强劲对手。

2. 高技术带来低成本

开门开店，柴米油盐酱醋茶。"太阳城"的安装业务也包括多项费用支出，有太阳能板、连接电网的换流器、安放太阳能板阵列的材料、把太阳能板阵列安装到屋顶的紧固件、人工安装成本等。太阳能板只占总成本的 15% ~ 20%，其他项所占成本还是比较高的。若要降低总成本，就必须想办法减少每个细项的成本。

（1）一个顶一个半

为了增加竞争力，"太阳城"绞尽脑汁把控总成本。如果让同行与"太阳城"比试一下，都安装同样规格的屋顶，结果会是"太阳城"少用 1/3 的太阳能板，这可不是让国人深恶痛绝的偷工减料，而是因为技高一等，光电转换率高，一块板就顶别人的一块半，少而精就轻松发电，电量毫不逊色。既然需要安装的太阳能板数量减少了，其他成本也就顺理成章地下来了，就像解连环锁一样一通百通，无论是安装所需的各种零配件，还是安装时间，抑或是人工成本，都痛痛快快地减了、少了。可谓是：

> 昨夜江边春水生，艨艟巨舰一毛轻。
> 向来枉费推移力，此日中流自在行。

（2）简单就好

"太阳城"不满足于已有的成绩，它明白要想稳占居家太阳能板市场，价廉物美是没得商量的，因此它还在生产工艺和使用材料上做文章，坚决要把降低成本进行到底。在生产工艺方面，它使用了一种堆积生产法，能把生产步骤从原来的 24 步之多减到 6 步。在材料方面，传统的太阳能电池使用银电极材料，成本总是"高处不胜寒"，于是"太阳城"改用铜，这多便宜啊！

（3）纵横比较

功夫不负有心人，"太阳城"可以晒晒自己的成绩单。2015 年 10 月以来，它的太阳能板产电成本降到每瓦 55 美分，安装总成本降到每瓦 2.84 美元，2012 年时还是每瓦 4.73 美元。等到 2017 年布法罗超级工厂满负荷开工时，成本会进一步下降，预计会降到每瓦 2.5 美元以下。

不过，对比一下中国的情形，似乎"太阳城"也不是那么乐观。根据中国的报道，2007 年中国太阳能板价格为每瓦约 36 元，2014 年是每瓦 3.8 元，中国的价格优势已很明显。只可惜，中国的光伏产业从 2008 年开始出现产能过剩，而且优惠的价格把欧美的同行逼到了墙角，以至于从 2012 年开始欧美等国就对中国太阳能板大开杀戒，开征高额反倾销税或反补贴税，说白了就是要抬高你的价格，害得中国产太阳能板败走麦城。其实"太阳城"以前也买中国的太阳能板。现在倒好，逼走了"中国制造"，成就了"太阳城造"，美国政府的良苦用心算是没白费。

3. "绿色"红包很给力

（1）这里有红包

为了推动太阳能的使用，美国政府可谓是煞费苦心。对外实行"挡"的政策，把中国等外国的太阳能板阻挡在外。对内实行"帮"的政策，帮美国企业，帮美国老百姓。州政府对布法罗大工厂的出资是一种"帮"。给老百姓则是提供各种补贴，其中一种叫作"净值计量法"，所谓净值是指用电量与发电量的差额。住家在屋顶安装太阳能板并接入电网后，如果白天发的电用不完，就可以把多余部分输入电网，这些电将会按照零售价格卖给电力公司，或者是电表往回走。

（2）"绿色"红包递温暖

老百姓的生活，煤气水电无一不费钱。现在有办法能降低开支、守住荷包，老百姓自然是高兴得不得了。再加上"太阳城"煞费苦心地降低成本，美国老百姓纷纷开始接受这个新鲜事物。老百姓安装太阳能板，往小了说是给自家省钱，往大了说则是保护环境，保护绿色的植被、蓝色的天空和海洋。

美国政府鼓励老百姓使用太阳能板，给老百姓提供的相应补贴就是发给他们的"绿色"红包，这同时也是给"太阳城"们的政策福利。"绿色"红包最终会传到"太阳城"们的手中，支持它们不断发展壮大。这种模式不由使人感觉到，天上有个太阳，地上有着温暖。

4. 高招妙计得人气

（1）美丽的屋瓦

太阳能板的外观几乎千篇一律，长得就像一块块巧克力，安装在屋顶上很是惹眼，搞得整个房子也与众不同。"太阳城"不仅在意技术内涵，也很在意视觉效果，它想把艺术审美元素融进高科技产品中，把自己的产品打造成"邦女郎"，既要身手不凡，又要有颜值。

在屋顶上加盖太阳能板。

2016年10月，"太阳城"宣布开发了有着审美元素的太阳能屋顶，有四种不同风格可供选择，以便与整个房屋外观保持浑然一体，而不会显得突兀。爱美之心人皆有之，想必这种屋顶定能招人喜欢。从技术角度来看，这种屋顶是直接使用太阳能屋瓦来建造的，直接就能收集太阳能，而不是像以前那样先有屋顶然后再加装太阳能板。简单地说，把太阳能电池内嵌在玻璃瓦片中，就可以做出太阳能屋瓦，"太阳城"筹划着2017年开工生产这种屋瓦。

不同风格的太阳能屋瓦可供选择，以便与房屋浑然一体。

美是美了，可是你会不会有什么担心呢？比如，高山之巅景色秀丽，可是山顶架设的玻璃观景台令你望而却步。那么，玻璃屋瓦会不会让你提心吊胆呢？外面狂风大作、冰雹狂落，你抬头望着玻璃屋瓦，是否担心它会被砸坏？对于各种担心，马斯克挺起胸脯打了包票，告诉大家尽管放心，此种太阳能玻璃屋瓦可耐受各种恶劣环境。

（2）费用不是门槛

花儿艳丽自然引来蝴蝶和蜜蜂。为了招揽生意，"太阳城"除了在屋瓦上做文章外，还运用"鲜艳夺目"的销售方法，引得大家驻足观看、掏腰包。"太阳城"晓得，如果费用成为门槛，挡住了普通消费者，那太阳能系统就会意义减半。所以，它挖空心思，想了很多招，好让每家每户都能对号入座，找到适合自己的。比如，有钱人可以直接现金购买太阳能板，一次投入有困难的人可以选择贷款、租赁、购买电力这些不同方式。总之，花样要足够多，才能拥有人气。可谓是：

自古逢秋悲寂寥，我言秋日胜春朝。
晴空一鹤排云上，便引诗情到碧霄。

贷款方式中，用户每月支付固定金额，付款期为 10 ～ 20 年不等，用户能享受税收优惠。租赁方式中，用户每月支付固定金额，固定金额每年按 0 ～ 2.9% 的比例增长，租赁期为 20 年，用户不享受税收优惠。合约方式中，用户每月支付太阳能板产生的电力费用，此费用每年按 0 ～ 2.9% 的比例增长，租赁期为 20 年，用户也不享受税收优惠。有了这些选择，人们就可以量入为出，自行安排了。

目前来看，"太阳城"的客户除了个人家庭外，还有很多机构或企业，例如，斯坦福大学、耶鲁大学、乔治城大学、美国军队、美国国土安全局、易趣网公司（eBay）、惠普公司（HP）、英特尔公司（Intel）、美国最大连锁药店沃尔格林公司（Walgreens）、沃尔玛超市（Walmart）、美国生鲜超市全食（Whole Foods）。

（3）有数字就有目标

想想看，如果你在自家屋顶上安装了太阳能系统，你接下来会怎样？你一定很好奇，想知道自己每天发了多少电，用了多少电，省了多少电，省了多少钱。"太阳城"当然知道大家的小九九，早就开发了配套应用程序，来满足人们的那点儿小心思。你只要在移动端安装这个应用程序，你的那些问题就迎刃而解了。不仅如此，你还能对自己的电力行为了如指掌，无论是当下、当天，还是每月、每年，抑或是一辈子。

有了这些数字，你好像瞬间就有了动力和目标，有了节约用电的意识。你开始学着出门关灯、不频繁开关电视、夏天不把空调温度设得过低、电器不用就断电……搞不好你还因此开始节约水、煤气、纸、食物……不经意间你成了一个厉行节约、勤俭持家的达人。也许，技术在改变生活的同时，也改变了人们的行为、习惯、思维方式、性格特点、品质。可谓是：

一粥一饭，当思来处不易；
半丝半缕，恒念物力维艰。

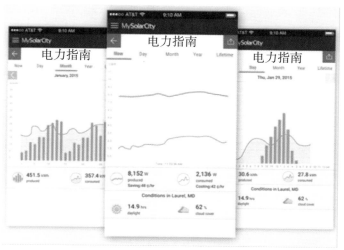

用户安装太阳能板后，就可以通过应用程序来了解发电和用电数据。

三、阳光与风雨相伴

美国的资本成本和人工费用都很高，这令许多美国商家望而却步，纷纷在海外投资设厂。美国的太阳能行业就是这样，企业一般不在美国本土建厂，那些斗胆在本土建厂的也大都以倒闭告终。"太阳城"此番享受到纽约州政府在厂房和设备方面的扶持，也算走运。

商场如战场，风险四伏，商家必须眼观六路、耳听八方，以"凡事预则立不预则废"的姿态，时刻准备着。太阳能行业也不例外，商家并非终日沐浴在温暖舒适的阳光里，而是要时时提防前方或近或远的风险，也许那就是命运的转角、时机的拐点。

1. 没有经验心里打鼓

别看"太阳城"一副生龙活虎的样子，业务遍地开花，其实这些年来它也备受煎熬，日子并不好过，一直处于亏损状态，步履维艰地苦撑着。它以前是侧重安装业务，在过去 10 年里通过巧妙的营销手段和融资手段转变了消费者的观念，越来越多的美国人家乐意在屋顶上做文章，提高自家屋顶的高科技含量。可是论及上游制造环节，"太阳城"就捉襟见肘，缺乏经验了。原本信誓旦旦敲定布法罗超级工厂在 2017 年第一季度全面开工，可心里打鼓，最后只能面对现实，把日期改为 2017 年年底。对于马斯克这种走在时间前面的人来说，也许推迟 9 个月就如同推迟 9 年，就如同在浪费生命，这是为他所不齿的。可是，欲速则不达，超级大工厂还有很多准备工作没有完成，"超级"的名头不能一蹴而就。可谓是：

落日楼头，断鸿声里，江南游子。
把吴钩看了，栏杆拍遍，无人会、登临意。

2. 缺粮断炊可怎么办

风险可能是多方面的,风险点也许无处不在。都说巧妇难为无米之炊,"太阳城"下锅的"米"就可能隐含风险。"太阳城"使用N型单晶硅来生产太阳能板,可是好材料使大家趋之若鹜,劲敌"太阳能"也使用此种材料,而且也在扩大生产规模,中国也在转向使用N型单晶硅。至于未来能否有足够的N型单晶硅来确保太阳能板的生产,没有答案,只有担忧。这个未知数何时能解开,更是无人知晓。如果你搞生产,原料几时用完都不知道,能不担心吗?如果你种地,种子何时没了都不清楚,能不忧心吗?

3. 不得停歇的马拉松

"太阳城"面临的真正风险在于太阳能技术的快速发展,眼前领先的技术也许在3～5年内就落后了,不进则退是硬道理。这绝不是一个吃老本、高枕无忧、倚老卖老的行业,而是过河卒子只有往前冲的行当,是十分逼命的马拉松。

有例为证。最开始"太阳能"以21.5%的光电转换效率处于领先地位,可是"太阳城"咬得很紧,2015年10月就开始标榜自家太阳能板光电转换效率高达22.04%,自称世界第一。"太阳城"的得意劲儿还在兴头上时,斜刺里又杀出个程咬金,另一对手"松下"毫不示弱地宣称自家数据为22.5%。"太阳能"不愿被比下去,抢白道出了另一个数据,说自己所有生产线的平均转换效率接近23%。

人比人,气死人。这些太阳能板企业一个比着一个,每多出0.5%,都要大肆炫耀,令对手胆寒。如果又有哪位高手横空出世,宣布更高的数字,那"太阳城"们还怎么活啊?这不,"太阳城"还在修炼原力,危机又不期而至。一些大学研究人员宣称在实验室里实现了40%的光电转换效率。拼命的较劲铺天盖地而来,就好似那"西风烈,长空雁叫霜晨月"。"太阳城"若不冲锋,它的"布法罗"就会落伍,这就叫作"雄关漫道真如铁,而今迈步从头越"。

第八项 Slack 办公交流工具

开场花絮：爱拼才会赢

昨晚从同学聚会回来，小明就思虑重重，早晨上班也百无聊赖，提不起精神。从大学毕业吃散伙饭算起，这是第一次同学聚会，大家都热侃这两年当中的见识。小亮最是神采奕奕，大家都很羡慕他那积极向上的态度，直呼他为"阳光青年"。这两年，他工作颇有收获，关键是，他供职的公司非常重视运用新技术手段来提高工作效率，什么加夜班、开大会、写长篇报告，都免谈。

坐在办公桌旁，小明的思绪已不知飘到了哪里。这两年自己都做了些什么？三天两头开会，大会小会经常有，一堆解决不了问题的会。大大小小的报告写得不算少，过分的是，竟然有领导看报告时，只挑剔格式，而且"目光如炬"，边距差一点儿就要被打回，至于内容则是不置可否。这里，加班成了常事，效果和不加班没什么两样，因为一切都要到最后一刻才能定。

想到这些，小明怅然若失。真羡慕小亮，他说公司使用了一款办公交流工具，连新入职的员工都能直接与 CEO 对话，好多问题都能及时解决。可自己呢，每次给领导写请示都要字斟句酌、慎之又慎才可，时间花了不少，可最后也杳无音信。

小明苦笑了一下，心里感到某种不安，感觉自己就是被温水煮着的青蛙。想当初，自己和小亮在班里的排名不相上下，毕业后，小明去了大机关，当时着实让同学们羡慕了一阵，而小亮则选择去外企闯荡。而如今，仅仅两年，差距就出来了，还这么大。如此下去，如何是好？这是自己期待的生活吗？两年前的选择对吗？两年前那个意气风发的男孩在哪里？难道就这样错过闯荡的年龄？小明低头沉思起来。

古人云：
万事须己运，
他得非我贤。
青春须早为，
岂能长少年。

今个说：
闯荡须己运，
他得非我贤。
青春须早为，
岂能长少年。

开场属虚构，要知实情，请看下文。

一、"懒散"公司不懒散

1. 谁准点就下班

有这样一家公司，它的用户可以大到国际知名机构或企业，如美国宇航局、哈佛大学、华尔街日报、三星公司，也可以小到几口之家。这家公司成立两年就业绩骄人。你想知道它是何方神圣吗？它是一家美国公司，名曰"Slack"，意为松弛、懒散。下午 6 点大家准点散去，人走屋空，真是名副其实。这在中国老板的眼里叫作太不像话，在中国打工仔的眼里就叫作羡煞人也，且太没天理。这到底是个什么样的公司？想必绝非才大志疏，亦非志大才疏，否则短时间里也混不出那么大的名堂。那么它到底何德何能？有何尚方宝剑？

2. 谁俘获了众人芳心

原来在市场角逐中，让 Slack 公司稳操胜券的就是它的聊天工具。其实，在 Slack 出现之前，市面上就有很多聊天工具了，竞争已然激烈。现在再多一个，就好像在一片翻腾的湖水中新添一滴水，不仅溅不起水花，还多此一举、自寻烦恼。外行看热闹也许就这样想，可 Slack 这个后生小子偏不信邪，它凭借着扎实的内功，不仅崭露头角，还俘获了众人芳心。

现代人太忙了，而 Slack 的理念就如它的名字一般，是让人轻松下来，是助人为闲，很贴合现代人的心理需求。人们常说，女人抓住了丈夫的胃，就是抓住了他这个人。同样，企业抓住了用户的心理，就是抓住了用户。Slack 每天的活跃用户数约 400 万，付费账户数约 125 万，每个工作日人均使用时间 140 分钟，每月有 15 亿条信息在它的聊天工具里流动。

　　Slack 的名气在短时间内越来越大，有一鸣惊人的痛快，而无"酒香也怕巷子深"的蹉跎。索性有人幽默一下，说天下只有两类人，一类是尚未听说过 Slack 的人，另一类是没有 Slack 就活不下去的人。如果你是第一类，阅读完本篇内容后，问问自己是否想成为第二类人？

3. 谁能让你工作开心

　　每人一天只有 24 小时，这是雷打不动的。睡觉、吃饭、工作、生活这四大项瓜分了一天的时间。现代人普遍都是工作这一项霸占了过多时间，挤得其他项只好乖乖地蜷缩到时间的角落里，黯然神伤。

　　此时，一名勇士出现了，它就是 Slack，它把折磨人的工作视为对手，决心与其斗法，来帮帮辛苦的人们，让他们不用再没日没夜地工作，让他们能享受生活。所以，从诞生的那一刻起，Slack 聊天工具就饱含人情味，不仅给自己起名"懒散"，以便人们能一眼就找到它，还让人们尽情地徜徉在它那博大的怀抱里，让人们聊着天来谈正事，摆着龙门阵来解决问题。它还通晓人情世故，理解"物以类聚、人以群分"，于是帮人们"嗅"出同类，使人们在严肃的办公环境中找到与自己谈得来、气味相投的人。有同类一起共事，每天可以开开心心地来上班，下班后开开心心地回家。想必上班族都很期待吧？

二、快来聊天吧

1. 开心地聊天就是开心地工作

　　用 Slack 来谈工作就像平常聊天那样，可以很口语化，还可以随时调用表情包，用起来很开心，用者时不时会扑哧一笑、莞尔一笑或哈哈大笑。在这充满压力的年月，谁不喜欢工作中时不时来点儿笑声呢？不禁想到 2016 年的中国奥运选手傅园慧，她那没心没肺的言谈举止，简简单单就让全场紧张的气氛轻松起来。管它什么世界之争，大家一下子喜欢上了她，她是否得奖牌、得什么奖牌都无关紧要。所以，开心和令人开心是有力量的，它不发力，却有力大无比的效果。Slack 令人开心工作，谁知道人们一开心起来将会迸发出怎样的活力和点子呢？也许"谈笑间樯橹灰飞烟灭"呢？你会发现，人还是那个人，每天还是坐在那张办公桌旁，可他已思绪满天、激情澎湃、气定神闲、效果倍增、以一当十。他貌似沉默不语，可他的声音已到了千里之外，他已搞定了工作。

　　Slack 的傅园慧式特点着实符合众人的需要，尤其是年轻人。年轻人是玩着游戏和聊天软件长大的，当他们步入劳动大军时，当然期待能有符合他们习惯的工作方式。既然工作大军的主力改头换面了，工作工具也应改朝换代。

　　既然 Slack 能那么轻松地搞定工作，谁还爱用略显老掉牙的电子邮件呢？用电子邮件写信，要以"尊敬的"开头，以"顺祝""盼即赐复"之类来结尾，一路都要恭恭敬敬、客客气气，或明或暗的条条框框多少让人心累。不过电子邮件确实曾为人际交流立下过汗马功劳，虽然在 Slack 面前有点儿靠边站了，可是人们在处理不着急的事情或需要"之乎者也"地正式一下的时候，还是会选择它。再说，生活是多面的，人是多面的，人们需要直抒胸臆、快意人生，也需要含蓄温婉、深思熟虑。

2. 有了 Slack，天涯变咫尺

Slack 有免费版和付费版，有电脑桌面版和移动端版。Slack 聊天工具特别适合办公聊天，帮助企业内部即时交流，职员间可以单聊，也可以群聊。用户在移动终端安装 Slack 应用程序后，就可以看到很多聊天频道，每个频道都在讨论不同的主题，你可以被邀请加入讨论。一个企业可以在 Slack 中根据需要建立不同频道，处理不同的工作事项，频道可以随开随关，很是方便。

Slack 公司的 300 多名员工建了 1000 多个频道，可以想象每天有多少事情都在聊天中完成。纽约时报使用 Slack 后，前前后后建立了大约 200 个频道，也是把工作内容进行了细分，以此来提高效率。此外，无论报社记者身处何方，都可以在一个相应频道内采写新闻，报社编辑人员在同一频道内进行编辑，然后直接发到官网的即时博客中，工作神速。

各类公司，无论是规模大、人数多的公司，还是跨地域的公司，都对 Slack 青睐有加。还是拿 Slack 公司自己来说吧。公司最初的四名成员分别生活在美国的旧金山、纽约和加拿大的温哥华，他们当时正热火朝天地开发着网上游戏软件 Glitch（意思是"失灵"）。为了方便交流，他们拼凑出了一个新的交流工具，也就是在一个即时交流软件上不断根据需要添加新功能，如存储和搜索信息的功能。别看新工具是拼凑出来的，却趁手好用，基本上替代了电子邮件。最后，游戏"失灵"没做成，他们就直接把精力转向了手头的这款交流工具，取名"懒散"，并于 2013 年 8 月正式发布。如此看来，如果当初团队成员没有分散各地，现在就不会有好用的"懒散"工具，也不会有成功的"懒散"公司了。

又如，蜚声天体物理界的"冰立方"合作项目，截至 2016 年 10 月，共有来自 12 个国家的 48 个机构参与其中，25 个来自美国和加拿大，19 个来自欧洲，4 个来自亚太地区，阵容可谓强大。人员构成有科学家、研究生、技师、软件专家、钻探工、工程师等，约 300 人，他们共同打造了世界最大的中微子探测器。在这个世界第一的项目中，Slack 也华丽现身。探测器的建造、安装以及后续的信息收集和分析都需要所有参

与者保持密切合作，他们虽跨越不同洲、不同地区、不同国家、不同城市，Slack 却使他们即时、顺畅、有效地交流。伙伴虽远在天边，却感觉近在咫尺。可谓是"海内存知己，天涯若比邻"。

"冰立方"设置在南极，是世界上最大的中微子探测器，可以探测几乎无重量的中微子之间的相互作用，可以从最剧烈的天体物理源探寻中微子，例如星球爆炸、伽马射线爆发以及黑洞或中子星带来的灾害性现象。探测器能够寻找暗物质，揭示自然界能量最大的粒子的神秘产生过程。项目操作方法是在南极 1 立方千米的冰块上凿洞，把上千个传感器放入洞中，由冰面上的观察站接收数据并进行计算分析。"冰立方"于 2010 年 12 月竣工，到 2013 年 11 月已捕捉到了 28 个中微子，它们很可能来自太阳系以外。

位于南极的"冰立方"项目

3. 没有 Slack，咫尺变天涯

一个企业内设不同部门，部门设立之时，相互之间就生出了界限，界限有时会变成密不透风的墙，阻碍信息的正常流动，界限也因此成了障碍。有了 Slack，企业内部那一道道无形的墙就消失了，温暖的阳光透射过来，普照整个办公空间。部门之间、员工之间、员工和老板之间畅所欲言、关系透明、信息顺畅。工程师知道设计师在干什么，技术人员知道客服人员在干什么，反之亦然。只需轻点一个频道，指尖就大

有世界。从此，工作效率提高了，许多工作问题就在你一言我一语的 Slack 交流中解决了，无须你今天来一封邮件，我明天再回一封邮件，也无须大家专门找时间聚头开大会、开长会，无须大家大眼瞪小眼，也无须花时间长篇累牍地写工作汇报了。从此，各种问题及时暴露，不用藏着、掖着、捂着，而是能及时解决了。

三、聊天聊出的新天地

1. 等待挖掘的聊天信息和工具

企业可以根据需要在 Slack 中开辟众多频道，这些频道里流动的是企业的信息，这就好像油管里流淌的石油，血管里流淌的血液，也好像是人们彼此剖白的意识流，蕴藏着无限价值、生机和灵感。Slack 可以保存并搜索所有聊天记录，以前的聊天都有备可查，并可随时调取。顺便提醒一下，如果有人想办公时间聊闲天，比如炒股心得、家庭琐事、旅游攻略，恐怕最好还是断了念头。

需要说明的是，Slack 不仅可以即时聊天，还提供了约 280 个工具，用户可以根据需要随时添加，例如审稿工具、待办事项提醒工具、日历等，还可以用聊天短信来预定 Uber 出租车，非常方便。

2. 与第三方集成，形成企业大数据

建成罗马非一日之功，Slack 功能大全也是靠不断整合才得来的。例如，好玩的语音聊天和视频聊天功能就是后来才有的。2016 年 5 月，Slack 又增加了一个功能，用户可以用 Slack 的登录账号进入与 Slack 合作的第三方应用程序。Slack 账号就如同一块敲门砖，可以打开"星际之门"，用户觉得方便，因此很喜欢。

Slack 用户进入第三方应用程序时，也不是悄无声息潜入的，到别人家里玩，多少是要与人家打招呼的，人家多少也想对你有些基本了解。于是，第三方程序会告诉你，想了解你的头像、你的群信息或其他信息，如果你觉得无妨，表示同意，那么接下来就可以畅游第三方的网络世界了。

第三方 App 通过与 Slack 集成，就可以得到 Slack 客户和客户信息，这是多么宝贵啊！它自然也就满心欢喜。对于 Slack 来说，也丝毫不吃亏，它也可以得到它的那份礼物，就是用户在第三方应用程序中留下的信息，这些对它来说也是"春雨贵如油"，有了这些，Slack 才能为用户"烩"出大数据。这样想来，有了集成，大家就能借力发力，皆大欢喜。可谓是：

积土而为山，乘之而后高。
积水而为海，积之而后深。
故圣者众之所积也。

Dinosaur Documents would like access to **Goldfinch Inc**

This will allow Dinosaur Documents to

Confirm your identity and view your email address   Show more
and your Slack team's basic information.

Please only share your team's private information with apps that you
have reviewed and trust.

Authorize   Cancel

当用户使用 Slack 账号登录第三方应用程序时，会弹出一个对话框，询问用户是否同意授权第三方获得用户的相关信息。

需要大书特书的是，Slack 可以与上百个第三方的应用程序或服务相融合，大家集成在一起，不是抱团取暖，而是要发挥 1+1>2 的作用。想当初，各种聊天工具纷至沓来，谁不是脚下生风，隐约一股"杀气"？电子邮件萧然倒下。相比之下，Slack 这个"杀手"不太冷，它要与各路好汉拜把子，大家要相得益彰，共撑一片天地。Slack 初来乍到就受到大力追捧，也许与它的跨界融合不无关系，例如它与 Dropbox、Google Drive、推特、Zendesk 等的融合。

> Dropbox 能够将存储在本地的文件自动同步到云端服务器保存。
>
> Google Drive 是谷歌在线云存储服务，用户可以获得 15G 的免费存储空间。
>
> 推特是社交媒体网，用户可将自己的最新动态和想法以短信形式发布。
>
> Zendesk 是客服管理软件，企业可以轻松管理互联网终端的客户需求。

Slack 的跨界融合可以把一个企业在网上的各种信息都搜罗出来，Slack 中的信息也因此会更加丰富完整，并逐渐形成一个不断膨胀的企业大数据。形象点说，Slack 就像一个大水库，各路涓涓细流都汇集到此，水越来越丰富，你就能钓到很多肥美的鱼，就能享受到珍馐美味。Slack 就是要通过跨界融合、集大成的方法来做大"水库"，每个企业得以形成自己的知识体系和企业文化，如果善加管理，说不定能写成许多本好书，能启发出一些新项目。而以前，这些内容都碎片化在不同地方——各封邮件里、不同软件程序中、每次会议中，要想统一整理堪比蜀道难。

3. 大数据唤来了智能计算

虽然 Slack 帮企业积攒出大数据，企业内部人员都能看到大数据，可是谁有那么多时间盯着这些不断膨胀的海量信息呢？你总不能与 Slack 缱绻一整天，眼睛全天盯着屏幕，逐条追逐信息吧？这样你什么也干不了，每天都是别人在制造新闻、传播新闻，而你只是阅读新闻。

面对信息的海洋，只有两条路可走，要么望洋兴叹，要么造船渡海。大数据的时代，很多新技术应运而生，智能机器、机器学习、云计算等就是那一叶叶扁舟，渡人到理想的彼岸。既然 Slack 堆积了大数据，就需要动用机器学习，开启智能计算的马达，让智能系统时时追踪大数据、消化内容、提炼信息。

大家听说过苹果公司的 Siri、微软公司的 Cortana、谷歌公司的 Google Now、百度公司的 Duer，知道它们都是虚拟语音助手，能听懂人话，能听从指令，也被称为"聊天机器人"。没想到，聊天机器人的本事可以与 Slack 的本事相加，打出一套漂亮的组合拳。

阿拉伯半岛电视台就开发了几个这样的聊天机器人，其中一个会不间断地在网络上寻找爆炸性新闻，一旦找到就会在 Slack 上发通知，提醒电视台工作人员。2015 年 8 月，英国路透社在社交网络推特上发布了一条有关美国弗吉尼亚枪击案的信息，这个聊天机器人迅速捕获消息，赶紧通过 Slack 提醒半岛电视台的工作人员。还有一个聊天机器人，它可以计算某篇文章的点击量和转发量、某一时刻电视台网站的用户数，还能推荐与某个标题相关的文章，工作人员只要在 Slack 中输入相应指令就能得到满意答案。再有一个聊天机器人，它会在某个帖子的点击量和转发量达到一定程度时，在 Slack 上及时通知工作人员，因为这种帖子人气旺，可挖掘，有看点。

智能的聊天助手融入 Slack 后，用户就轻松了，需要什么信息，只要询问聊天助手就好了，它能担此大任。用户终得坐享大数据，完全没有气喘吁吁、压力倍增之苦。你每天该干什么就干什么，同时还被有用的信息滋养着，你更加有思想，思想有了更快、更多的数据来支撑。所以，与其说 Slack 是一个内部聊天 App，不如说它是一个产生思想、鞭策行动的平台，难怪众生纷纷"移民"到此。也许哪天新闻就在你身上发生，你一炮而红。可谓是：

> 月明星稀，乌鹊南飞。
> 绕树三匝，何枝可依？
> 山不厌高，海不厌深。
> 周公吐哺，天下归心。

四、悖论公司破茧成蝶

1. 公司的悖论

其实即时聊天工具有很多，例如，脸书、Messenger、Google Chat、WhatsApp 等，它们都很强大，其中 WhatsApp 有 10 亿用户。可是，即便把 Slack 无情地扔进这堆竞争对手中，它也照样会脱颖而出。它有太多悖论，不由得人们不好奇。它很年轻，却很成功。它不大，大公司却需要它。它原本"有心栽花"搞游戏，却最终"无心插柳"成就聊天软件。它有新潮的技术理念，却遵从"无论性别或肤色，人皆平等"的传统观念。它取名"懒散"，却勤奋地做着集大成的事业。它的员工该下班时就下班，却比熬夜到通宵的公司更有成绩。好一个形散而神不散的别样公司。

2. 老板的悖论

先说说创始人之一斯图尔特·巴特菲尔德吧。他出生在加拿大的一个嬉皮社区，在剑桥大学学习哲学，毕业后从事过一些设计和产品开发工作。他剑走偏锋，"有心栽花花不开"，却每每获得"无心插柳柳成荫"的意外成功。他曾在开发一款游戏软件时建了一个很成功的照片分享网站 Flickr，后来又在开发名曰"失灵"的游戏软件时有了 Slack。对巴特菲尔德来说，开发游戏软件就如同打开魔法瓶，游戏不成，却会纵身另一番火热事业。现在他真的是不敢触碰那个无形的魔法瓶了，生怕一不小心而失去 Slack，毕竟他对 Slack 有很多期待，而"革命尚未成功"，他还要倾力打造他的精彩聊天世界。

3. 凤凰涅槃

虽然做 Slack 是个技术活儿，可公司里频频跃动着女性的身影，还有不少黑人伙伴。为了不影响女性申请来公司工作，公司取消了 10 年工作经验的要求。目前，Slack 女性雇员约占 43%，黑人工程师约占 8%，约 43% 的资深管理岗由女性担任。而在谷歌、脸书和推特，只有约 1% 的工程师是黑人。

别看 Slack 很风光，它的成员意气风发，可一些重要成员以前也有不悦的经历，各有各的辛酸往事，正应了幸福的人都是相似的，不幸的人各有各的不幸。来到 Slack 后，他们的才华终得展示，人生价值也得以体现，整个人因此灿烂起来。

比如，艾瑞克·贝克原来是谷歌的一名工程师，平时她能感觉到自己不受一些白人同事待见，早就萌生去意。2014 年 11 月，她在社交媒体推特上发布了对白人警察枪杀黑人男孩的抗议图片，没想到，后来巴特菲尔德给她发了信息，提醒她要注意人身安全。2015 年 5 月，艾瑞克毅然决然加入了 Slack 团队，成为其中的技术人员。

安妮·托斯负责 Slack 的人事和政策，她有着亮眼的履历。1996 年，她在雅虎工作，在硅谷这个把控全球技术动向的地方，她是受聘负责法律和政策事务的第一人。2005 年，当雅虎收购 Flickr 时，她认识了巴特菲尔德。就这样，一个名气响当当的人物，最终也决定离开工作了多年的雅虎。个中原委与谁能道，也就只有 Slack 了。

莫西·格瑞斯担任产品开发经理。她曾经有个游戏公司，但其中充斥着技术强男的氛围，经常是每天工作 18 个小时，加完班就直接睡到了办公桌下面，第二天整个人就成了熊样。最终莫西决定出走，奔向 Slack。

Slack 在美国旧金山的办公室。

五、也不是没有担心

知道了 Slack 公司破茧成蝶和凤凰涅槃故事，人们就期待它能乘风破浪、所向披靡，成就更大的事业。可是前方会风平浪静吗？伴着它成长的用户道路会一帆风顺吗？

1. 开发者的风险

（1）祥和表面下暗流涌动

Slack 汇集的企业大数据关乎企业的点点滴滴和方方面面，对于初创期和上升期的企业来说，内部即时交流也许不成问题，甚至是乐于分享。可是当企业处于成熟期或倒闭期时，还愿意如此这般地公开交流内部信息吗？公司大佬们是否会躲起来，偷偷摸摸进行非公开的讨论，搞出个"慕尼黑协定"，引得公司员工悄悄猜测？即便不是这样，在一派祥和的办公室表面，员工之间是否也会相互较劲，暗流涌动，以至于交流分享压根儿就不可能呢？对于这样的企业，Slack 也无能无力，只好挥挥手，它们爱用不用吧。

（2）万一哪天合久必分呢

Slack 添加了那么多功能，整合了许多第三方工具，十分有吸引力，于是不断增加和整合。这是良性循环，还是把双刃剑呢？是否有一天 Slack 聚集了太多能量，然后像一个特大雪球一样滚不动了呢？交流工具是以大为美吗？就像唐朝那样，以胖为美，胖女人皆被视为美人。可其他朝代不都是"窈窕淑女，君子好逑"吗？女子减肥总是一道绕不过去的坎。哪天，是否 Slack 也会"胖"得难看了，也需要瘦身呢？Slack 现在拥有超高的人气指数，这是否是因为企业强烈需要改善内部沟通，"聊天工具"市场因此正处于分久必合的时期呢？以后会怎样？是否会出现合久必分的萧瑟场面？

曾经有过这样一个故事，不是古老传说，而是今人独白。主人公在网上的帖子里道出了自己与 Slack 的一段感情纠葛。他的邮箱每天爆满，由于 Slack 誓言要把邮箱一扫而空，所以对他来说，Slack 就犹如性感美女。两人初识，感觉异常好，火热开始，迅速升温。过了一段时间，他终于冷静下来，对于两人是否合适，他并不清楚，于是决定冷却这段关系。毕竟，好得太快是会令人发晕的。他尝试着几天都不见，这几天过得很难，因为不使用 Slack，就好像断了一切社会关联，可是，这几天他也备感轻松，这令他意外而欣喜。

的确，Slack 是想帮人们减压，帮人们从乌云压顶的邮件中逃离出来，过上轻松的日子，可是每个人都获得了这般感受吗？是不是少了个乌云压顶，却来了个彤云密布？

（3）一个危机四伏的疆域

微软推出了那么多电脑软件，竟然没有自己的交流软件。而 Slack 不仅钻了这个空子，还广结人缘，名气如日中天，搞得微软曾经一度有些失意，还动念要把它收将过来，变成囊中之物。无奈所需银两甚巨，最后只好叹息作罢，至此开始认认真真伏首于自己的交流软件。

2016 年 11 月初，微软推出了 Microsoft Teams 测试版，这就是它自家的东西，自家的招牌，自家的撒手锏，是用来争夺 Slack 的拥趸的。Slack 有的，它也有，Slack 能给的，它也能给。比如，用户可以建立频道相互沟通，可以文本聊天、语音或视频聊天，可以发文件等。这款即时交流工具是在微软的 Office 365 云服务环境下运行，测试版也只有 Office 365 用户才能使用。微软曾一边掐着手指头，一边盘算着在 2017 年 3 月推出正式版，结果果真说到做到。这下有了微软出手搅局，市场将会是怎样一个光景？是否会"大河上下，顿失滔滔"？

想想看，微软那么大的公司，现在也加入即时聊天软件开发的行列，Slack 即便面不改色心不跳，它能顶得住吗？它又将拿出什么来顶住呢？再说，Slack 的很多功能与微信相似，微信已普及华夏大地，且海内外华人都在用，那么 Slack 的机会在哪儿呢？

当然，Slack 不是吃素的，它知道大敌当前，要临危不乱，也知道一个好汉三个帮。就在微软小试牛刀一个月后，Slack 就加强了与谷歌的联手，要把谷歌文档服务和云储存服务与自己的聊天工具相连，不断加大布控，同仇敌忾。也不知 Slack 最后是否能笑傲江湖，演绎出自己的荡气回肠之作？

2. 用户的风险

(1) 裁员也许就在不远处

Slack 通过不断整合，功能越来越强大，会不会夺了一些人的饭碗呢？比如，纽约时报用了 Slack 后，编辑的工作效率明显提高了，如山的稿子整理起来是得心应手。可是会不会裁员就在不远处呢？这个想法让人心里发毛，不寒而栗。全球经济普遍不景气，世界各地失业率都升高，被裁的人该怎么办呢？原本一刻都离不开 Slack 的人会因此对它又爱又恨吗？爱它却心里害怕，恨它却不忍撒手。

成也萧何，败也萧何。韩信因萧何举荐而受重用，也因萧何设计而被谋害。"如果你爱他，请带他去纽约，因为那是天堂；如果你恨他，请带他去纽约，因为那是地狱"，这是《北京人在纽约》里的经典台词，是说一个人在纽约可以得到一切，也可以失去一切。难不成 Slack 可以成为萧何，或是纽约？当然最好不要这样。

(2) 蛋放在了一个篮子里

很多时候，Slack 的人气是自下而上集中起来的。先是猎奇的员工免费使用后，感觉称心如意，于是就鼓动老板付费升级，以便整个公司都能使用。老板用后，发现不错，还遗憾没有早点儿知道。Slack 就是靠自身魅力，无须死缠烂打，只凭用户的口口相传就迅速聚拢了人气，Slack 也因此不断融入用户的办公流程中。

口口相传把越来越多的人带向了 Slack，他们对 Slack 爱不释手，把自己所有的鸡蛋都放在了 Slack 这个篮子里，这可犯了投资者的大忌。万一 Slack 哪天玩完，抛下用户，那让芸芸众生情何以堪？完全不是背后说坏话，也不想危言耸听，那么好的东西，喜欢还来不及。可是中国的先贤哲人谆谆教导后人要居安思危，西方《圣经》里也说"主所赐，主夺去"。我们总不能因为玩 Slack 高兴起劲，就把这些警世良言抛于脑后吧？所以，还是要未雨绸缪、有所防备，永远都不要做那只在寒冬里悲戚哀鸣的寒号鸟。

第九项　"特斯拉"自动驾驶

开场花絮：飘

小明最近工作不顺利，每个项目都是败笔。这天晚上，他心灰意冷，独自去了饭店，借酒浇愁。午夜时他已是酩酊大醉，拿出手机，晃晃悠悠在上面按了几下，脑袋就歪在饭桌上了。不一会儿，迷迷糊糊中听到了熟悉的声音，手机里传来了《爱拼才会赢》的旋律，那是他最喜欢的歌曲。他站起身，步履不稳，坚持走出了饭店。门口是他的座驾，正在静静地等着他，他感觉心里踏实了不少，赶紧爬进车里，吆喝了一声"回家"，然后就睡着了。

第二天早上，一曲悠扬的轻音乐《清晨》缓缓弥漫开来，小明感觉看到了山林溪水，听到了虫鸣鸟叫，大自然无法言传的美完全让他陶醉了。他努努劲儿，想睁大眼睛，把这美景欣赏个够。没想到，不是眼睛睁大了，而是睁开了。小明发现自己躺在座驾里，车里回荡着班得瑞音乐。怎么回事？他的大脑飞快地转了起来。车里的触摸屏突然亮了。"主人，现在出发吗？"随着这声问候，小明终于想起了昨晚，明白了发生的一切。

昨晚小明实在喝得太多，半清醒时用手机软件把车从公司召唤到饭店，他醉得不行趴在饭桌上，很快手机里传来了音乐声，那是车到后的提示音，他强撑着上了车，倒头就呼呼大睡了。后来的事情都是车自己完成的。车一路自动驾驶，把小明安全送回了小区，知道主人迟迟未下车，就把车内调到适宜的温度。现在是早晨7点，车播放着小明每天早晨必听的音乐，为他开启新的一天。小明笑了，心中荡漾着一种莫名的感动。昨天的失败算什么！继续迎接挑战，今天和明天会更美好。Tomorrow is another day。

古人云：
昔日龌龊不足夸，
今朝放荡思无涯。
春风得意马蹄疾，
一日看尽长安花。

今个说：
昔日龌龊不足夸，
今朝放荡思无涯。
春风得意车轮疾，
一日看尽长安花。

开场属虚构，要知实情，请看下文。

一、一辆车就是一段传奇

2015年9月，德国大众汽车被爆出尾气排放造假，多年苦心经营的高大形象轰然倒塌，大家嘘声一片。同一时间，又有别家异军突起。位于美国加利福尼亚州硅谷地区的一家技术公司，名曰"特斯拉"，2003年成立，专门研发汽车自动驾驶技术，商海蛰伏已有时日，可就在2015年10月突然弄起潮来，推出了自动驾驶系统，也就是所谓的特斯拉7.0版软件，惨淡的汽车市场一下子被搅开了花。买了特斯拉汽车的人们乐翻了天，各路众人也纷纷围观议论。

1. 一身特别行头为哪般

（1）每样家伙都有用

从2014年10月开始，特斯拉就为每一辆下线的电动汽车安装了传感器，也就是自动驾驶的硬件系统，有了自动驾驶软件后，这些车就可以启动自动驾驶功能了。我们来看看特斯拉两款配有自动驾驶功能的电动汽车，即S款和X款。

S款最高速度可达每小时133英里，起步2.5秒达到每小时60英里，自动驾驶硬件有前视雷达、前视摄像头、12个远距离超声传感器、数字化控制的辅助刹车系统。其中，雷达可以探测物体的距离，摄像头可以探测物体的形状和大小，超声传感器可以感知汽车周围16英尺范围内的环境，辅助刹车系统可以防止车辆从正面和侧面被撞击，还可以防止车辆滑开路面。有了这些硬件配置，自动驾驶系统还能自行停车，包括扫描寻找停车位、找到后通知主人、得令后安全并排停放。

X款是特斯拉目前最先进的一款车型，最高速度可达每小时155英里，起步2.9秒达到每小时60英里。它给人最直观的印象就是后座车门。

能像猎鹰展翅一样打开，被形象地称为"鹰翼门"。

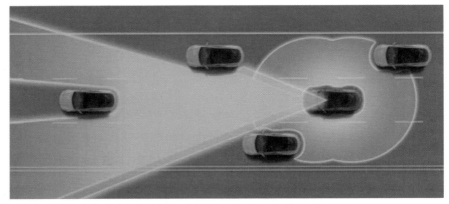

自动驾驶系统可以感知车周围和前方的环境。

特斯拉自动驾驶车 X 款，有着"鹰翼门"。

（2）好像缺了点什么

比较奇怪的是，有一个挺好的东西，特斯拉竟然没有配置，而谷歌开发的无人驾驶车就有。此物就是激光雷达，它能发射激光束，激光遇到物体后就会反射回来，激光雷达接收到返回信号后就可以了解周围环境，实时形成 3D 地图。激光雷达既可以探测物体的形状、大小、颜色，也可以探测物体的位置、距离，这是摄像头和雷达都无法比拟的。无论是月色朦胧的黑夜，还是白雪茫茫的冬日，人眼不辨方向，摄像头也一样不好用。雷达探测不出目标的形状、大小和颜色，路牌也好，卡车也罢，在它眼里都是一回事，这也着实让人担心。如果在车顶上安装激光雷达，那情形就大不相同了，车周围的环境被3D扫描，尽收眼底，可以避免各种碰撞剐蹭。

激光雷达扫描周围环境，扫描每个点形成数据，最后形成一幅3D地图。

美国硅谷有家名叫"威力登"（Velodyne）的公司，生产不同规格的激光雷达。谷歌就采用了其中最先进的一款。这款激光雷达高约28厘米，直径约20厘米，重约13公斤，能360°旋转，水平视角是360°，垂直视角是26.8°，能产生64束激光，扫描周围120米范围的环境，每秒钟扫描220万个点，产生相应数据，瞬间就能识别周围环境中的物体。

听起来这么好的东西，特斯拉的大老板马斯克却不屑一顾。是因为价钱吗？谷歌无人驾驶车里配置的激光雷达每套成本约7万美元，的确挺贵，不过现在也有便宜的，大约250美元，对于玩车的人来说，这简直就是白菜价。马斯克可不是一个怕烧钱的人，但凡他决定要做的，总是大手笔。那他为何对激光雷达提不起兴趣呢？也许是因为激光雷达需要放在车顶上，这样会影响车的颜值，在路上行驶时，众人能马上认出，然后就会侧目观望、指指点点。也许是因为激光雷达并不能确保万无一失，不能保证万事大吉。"谷歌"的无人驾驶车即便安了激光雷达，也若干次失灵，很遗憾地出了些事故。

2. 一只看不见的神奇手

（1）指尖轻触，轻松搞定

想象一下，坐进"特斯拉"车，你会感觉怎样？如果不启动自动驾驶系统，估计不会有什么特别的感觉，不就是一辆价格不菲的车嘛！所以，既然你上了这车，就必须体会一把自动驾驶的感觉。

你会发现车上有个触摸屏，只要指尖轻触，就可以启动或关闭自动驾驶系统，继续指尖轻点，就可以进行设置，然后车就上路了。它遵照指令，不断调整车速，与前方车辆保持一定距离。行驶途中，如果它发现某条车道有空位，感觉合适的话，就一个加速，来个变道超车。路途中，如果你想亲自"操刀"，不再劳烦那只看不见的手，就可以轻踩刹车，这样就能关闭自动驾驶系统。到达目的地时，你可以靠它来寻找停车位，安排停车，你只要站在一旁微笑着观摩就行了。

一路上有了自动驾驶系统的陪伴，一路上你就有了特别的感受。你会感受到高科技的魅力，感觉到有一只看不见的手在操弄着一切。你是兴奋激动，还是提心吊胆呢？反正你不会再说"它不就是一辆车嘛"。看看它的"鹰翼门"，想想它一路扬长，这辆车你不服不行。可谓是：

潜龙腾渊，鳞爪飞扬；
乳虎啸谷，百兽震惶；
鹰隼试翼，风尘吸张。

触摸屏，用来启动或关闭自动驾驶系统。

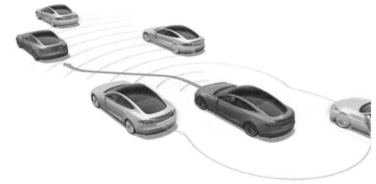

特斯拉自动驾驶车，探测到前方空位后，一个加速实现变道超车。

(2) 召之即来，挥之即去

怎么样，感觉刺激吗？找到点儿过山车的感觉了吗？不过，特斯拉公司可不是为了寻求刺激，不是为了刺激而刺激，而是想让现代科技为人们服务，只不过一不小心，每次进步都刺激了人们的神经。它还会不断升级软件，进一步提高自动驾驶性能，今后还会有更多刺激。

别看 2015 年 10 月 7.0 版软件才隆重推出，2016 年年初 7.1 版就接踵而至了。你要是车主，就会更加省心。开车到家后，你先下车，剩下的事情都丢给座驾来打理，它知道怎样打开车库、进入车库、停车、关闭车库，然后静静地待在里面，随时等待你的召唤。清晨，当你走出家门准备上班时，你可以通过手机召唤座驾，它就会像服侍皇帝那样，打开车库，跑出来迎接你。听到这些，你是不是乐得合不拢嘴了？

特斯拉公司的软件升级一直保持进行时。也许未来哪天，你出差结束，召唤你的特斯拉座驾来接你回府，它就会不远万里来接你。它也会随时与你的工作日历保持同步，对你的工作安排做到心中有数，总是在对的时间和对的地点，"带着微笑"来到你身边，带给你喜悦。

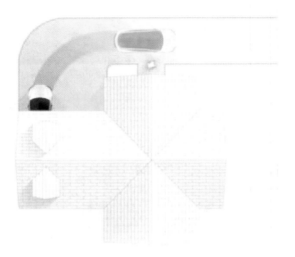

你可以使用手机把你的座驾召唤到身边。

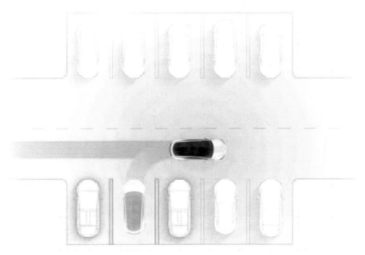

到达目的地后，你先下车，然后特斯拉座驾自己找车位停车。

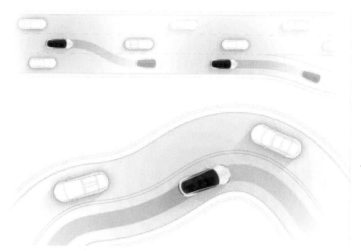

特斯拉座驾一路风尘仆仆。

二、不想发生的事情发生了

1. 还不能独当一面

（1）这个自动只是个半自动

话分两头，说起自动驾驶，还有些事情需要了解。首先，不能为了图省事把"自动驾驶"说成"自驾"，因为完全就不是一回事。其次，也不可以把"自动驾驶"理解成完全自动。如果理解错了，路上可就要乱套了。特斯拉车的"自动驾驶"充其量只是实现了部分自动驾驶，就好比半自动洗衣机，仅仅起个辅助作用，是个助手，人还不能"全身而退"。

（2）如血的数据，如肝的传感器

为什么会这样呢？在物联网的年代，这就要从传感器与数据说起。要让电动汽车跑起来，就离不开电；要让自动驾驶系统运行起来，就离不开数据信息。可以说，数据信息就是自动驾驶系统的血液。如果没有这样的"血液"来滋养，自动驾驶系统就歇菜了，无论你怎样唤它，它都沉沉睡去，抬不起眼皮，最后你只得乖乖地自己开车，在愤懑中回到原始状态。

导致自动驾驶"缺血"的原因，无外乎是由于天气或路况，传感器不能提供数据，不能像人体肝脏和骨髓那样造血。特斯拉车目前的各种传感器配置，尚且保证不了全天候全路段使用。如果对面车辆滥用远光灯，如果阳光明媚，如果酷暑炎炎或天寒地冻，如果雨雪天地面湿滑难走，如果路标不明显……那么多的如果，就是那么多的无奈。如果传感器不能如常工作，"肝"出问题了，这个驾驶助手也就完了，做黔驴技穷状，那只看不见的神奇手也不知缩到哪里去了。

所以,即便有了驾驶助手,即便它头顶着"自动驾驶"的高帽,为了十二分的安全,你也要老老实实地把手放在方向盘上。你不仅要时刻关注路况,还要随时准备接活儿。一路上,你和驾驶助手轮流开车,轮流休息,复杂的路况靠人脑,简单的路况靠软件系统。

如果跑在路况标识比较好的高速路上,而且车流量不太大,此时车载传感器顺顺溜溜,自动驾驶系统则是"面色红润有光泽",开起车来得心应手,而且说不定比你开得还要好,至少它不会疲劳,也不会开小差。越是枯燥乏味的路况,它越是喜欢,越能展示本事,它可不想玩心跳,也玩不起刺激的感觉。而此时的你,凝视着远方,想象着那只看不见的神奇的手,也许就找到了心动的感觉。

中国的大城市不乏密集的人流和车流,路况不可谓不复杂,堵车、剐蹭、汽车闯黄灯、行人集体抢行,比比皆是。这样的中国式城市交通一定会让自动驾驶傻眼到崩溃,它战战兢兢,完全开不了车,只有提示主人,让主人接手,它的提示音会从小到大,像是无奈地央求,如果你不理睬它,它最后就声嘶力竭地大喊,以至于你吓一大跳,完全不能不把它当回事。

特斯拉非常明白各种传感设备对自动驾驶的意义,为了实现真正意义上的自动驾驶,它不断改进,最新配置的传感器能使特斯拉车"眼观六路""耳听八方",比人灵敏。其中摄像头的数量从以前的 4 个增加到 8 个,视野覆盖车四周,最远达到前方 250 米的范围;已有的 12 个超声传感器被升级,以配合摄像头 360°的观察范围;已有的前视雷达也有改进,能够看穿暴雨、大雾、扬尘,甚至是前方车辆。

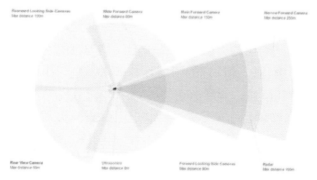

特斯拉车的最新传感器配置,可以无死角观察车周围环境。

2. 这一切怎么来得如此快

物联网的年代，技术日新月异，令人应接不暇。带着物联网印记的自动驾驶技术来了。它是否来得太快了？了解一下特斯拉公司和它的老板马斯克就知道了。

（1）奔跑在梦想之路上的老板

马斯克是个响当当的跨界人物，在科技和商业领域向来敢为天下先，常常是一眼就看到了远方，那是有梦有诗的地方，别人目力不及，他朝着那个方向奔跑不歇，骨子里充盈着夸父追日的探索精神。他的事业，上到太空下到地面，无一不快。当别人还在考虑如何分三步走时，他已经跑到三步开外了。一路上，他也会被毫不留情的现实裹挟，可他巍然不倒、越挫越勇。对他来说，成功路上的失败，那就不是个事儿，他的人生注定就是要轰轰烈烈的。

（2）"特斯拉"就是个急性子

一个企业就如同一个人，也是有性格的，而且性格的形成多半是来自老板。有马斯克当老板，特斯拉公司会怎样呢？它性子急，爱抢跑，不管手中是马还是骡子，都急于拉出来遛遛。比如说，我们听说过公测版的电脑或手机软件，所谓公测就是让用户先使用，让产品问题暴露，然后加以改善，目的是推出正式版。所以，与其说用户是使用，不如说是试用更准确。既然是试用，就是说有些问题还拿捏不准，还有待验证。你能想到吗？特斯拉车自动驾驶系统竟然也是公测版的，它的各项性能是否可靠，就靠各位车主的鼎力试用了。如果软件系统能避免事故，就可以确认它的可靠性；如果发生了不该发生的事故，就说明系统存在问题，需要改进。

硅谷的IT技术公司大多有个特点：赶紧做产品，赶紧卖给消费者，一切都等用起来再说，有问题一点儿一点儿解决。这是霹雳火秦明呢，还是神行太保戴宗啊？特斯拉横跨IT业和汽车制造业，把前者短平快的打法引入到后者磨剑十年的传统中。相比之下，老牌汽车商就颇为持重谨慎，虽然它们害怕成为时代的弃儿，也在开发自动驾驶技术，但却不是那般疾风骤雨，不是先搞出个公测版来试验一下，而是中规中矩，先坐冷板凳，等一切搞定后再上路。

风格迥异，孰是孰非，终有结论，就看西方流行的"墨菲定律"是否会灵验。该定律原话为：如果有两种或两种以上的方式去做某件事情，而其中一种方式将导致灾难，则必定有人会做出这种选择。或者说，如果事情有变坏的可能，不管这种可能性有多小，它总会发生。

3. 到底孰之过

特斯拉的自动驾驶是把人和智能系统相结合，把两者的优点放大，实现 1+1 > 2，这的确防止了一些事故的发生，避免了一些悲剧。不过很可惜，它也出了不少问题。每次事故都会引发一些争论，带来一些思考。自动驾驶本来是要防止事故发生的，出现事故，到底是孰之过？是自动驾驶系统，是司机，还是第三方？如果各方急于撇清责任，甚至互掐互撕，就会混乱无序，场面难堪。

我们通过几起事故来一探究竟吧。

（1）错在车主
美国佛罗里达州

2016 年 5 月，美国，佛罗里达州。一辆特斯拉 S 型车全速行驶，撞上了一辆卡车侧面，特斯拉车上部被撕裂，车主身亡。据报道，当时特斯拉车主可能在看电影《哈利·波特》，因为事故后车里还有电影的声音。接下来的调查发现，事故当天，春光明媚，车主在事故前启动了自动驾驶模式，一辆白色卡车横穿交叉路口时，特斯拉车的传感系统未能识别，刹车未被启用，特斯拉车直接撞了过去。

看来，对于人眼难以分辨的色差，特斯拉自动驾驶系统也没有好到哪里去。那么这次事故到底是谁的错呢？车主是一家技术公司的老板，也是特斯拉迷，曾在网上发布了好多视频，来炫耀他怎样使用自动驾驶，其中一次是在高速公路上自动驾驶系统帮他避免了车祸，还有一次车辆行驶缓慢时他没有把手放在方向盘上。特斯拉很纠结，既要撇清干系，又为粉丝的惨烈离世而难过。

作为局外人，只能善意地假设，如果当时车主把手放在方向盘上，如果他没有在看电影，如果特斯拉车的传感系统再好些……物非人非，任何假设都没有意义了。2017 年 1 月，美国国家高速路交通安全委员会认定，车主启用驾驶辅助系统后未按规定操作，特斯拉车本身没有问题。虽然特斯拉不用再担心了，但这是个有争议的认定。

美国蒙大拿州

2016 年 7 月，美国，蒙大拿州。一辆特斯拉 X 型车开出车道，撞到了路边护栏，幸好车主和乘客均未受伤。行驶中车主使用了自动驾驶模式。特斯拉说，自动驾驶模式启动后，车主有超过两分钟没有把手放在方向盘上，违反操作要求。言下之意，这起事故是车主的错。可问题来了，车主有超过两分钟没把手放在方向盘上，这是事故前的两分钟，还是离事故有些时间间隔的两分钟呢？情形不同，结论也会不同。

（2）错在第三方
德国拉茨堡市

2016 年 9 月，德国，拉茨堡市。一辆特斯拉车与一辆旅游大巴相撞，特斯拉车主轻微受伤，大巴车上无人受伤。特斯拉车主说当时启用了自动驾驶系统，并认为自动驾驶系统正常运转，与事故无关。特斯拉也说大巴车突然变道，转向特斯拉车的车道，结果造成了碰撞。

孰是孰非，似乎这就清楚了。可是德国交通部部长怒了，他受不了了，10 月他提出特斯拉在广告中不要再使用"自动驾驶"这个词了，因为容易引人误解，人们以为开车不用再注意路况了。德国人向来心思缜密，这次说得也对，想想看，本不是全自动，却冠名"自动驾驶"，名字被夸大其词。可特斯拉油盐不进，甚至还理直气壮，用飞机来做类比：飞机也有自动驾驶，它可以减轻飞行员的负担，并增加一定的安全性。特斯拉这一番推来挡去后，德国联邦交管局直接致信给特斯拉用户，警告他们，如果开车不关注路况，那就别开，司机驾车必须保持警醒，否则就是违反德国的交通法。

试想一下，如果特斯拉车的传感系统足够灵敏，是否就可以避免这起事故呢？也许这就是特斯拉现在的不足，是今后努力的方向。如果智能系统的反应速度与人一样，那它的优势就大打折扣；如果比人还差，那要它何用！

（3）没有数据，无法确定错在自动驾驶

中国河北省

2016 年 1 月，中国，河北省高速公路。一辆特斯拉 S 型车撞上了一辆道路清扫车，车主身亡，汽车受损严重。特斯拉说汽车行驶数据未能传输到公司的服务器，因此无法确定事故当时车主是否启用了自动驾驶系统。那么到底是谁的错呢？目前正通过法律诉讼程序来解决。

美国宾夕法尼亚州

2016 年 7 月，美国，宾夕法尼亚州。一辆特斯拉 X 型车撞击护栏，斜穿几条车道，翻滚后最终底朝天。听起来像是电影里的镜头，车主和乘客两人都受伤，好在伤势不重。特斯拉接收到了这辆车在事故中气囊打开的信息，但是没有接收到撞击时的详细行驶数据。到底是这辆车的传感器有问题，是数据传输有问题，还是特斯拉的数据接收有问题呢？特斯拉如此解释：这么严重的交通事故会导致车载天线失灵，没有证据表明这次事故与自动驾驶系统有关。警察最后认定司机疏忽驾驶。

现在想想，如果发生交通事故，好像特斯拉总能找到理由。要么是没有接收到行驶数据，否认自动驾驶系统与事故有关；要么是接收到了行驶数据，数据表明车主在事故前没有按照规定操作；要么干脆就是第三方的错。撞车事故一旦发生，大都比较惨烈，车子受损的程度也许足以扼杀行驶数据，只要特斯拉如是说，人们也许就只能如是信。

三、端正态度解决问题

对于完全自动驾驶技术，马斯克觉得大家把事情想得太过复杂。其实特别简单，该有的都已经有了，万事俱备，现在只要再完善一下，确保多天候多路段行驶就行了。毕其功于一役，就等着 2018 年隆重推出了。显然，马斯克是把"墨菲定律"抛诸脑后了，可终究现实还是残酷了些，特斯拉车已经发生了好几起惨烈事故，特斯拉需要静心思考一下了。

1. 从自身找问题

几场事故下来，特斯拉开始从自身找问题了，承认自动驾驶系统仍不完美，还需完善，同时也从事故中汲取了教训。以前，特斯拉强调"完全自动"的概念，感觉傲立于世，现在谦逊起来，逐渐修正引人误解的概念，强调自动驾驶是一项新技术，仅是辅助性质的，司机在驾驶中需要把手放在方向盘上。

特斯拉还在公司博客中专门讲解使用自动驾驶模式的方法。毕竟说明书列出了很多注意事项，这些都是需要提前了然于心的，可谁又能保证每一位特斯拉车车主都会认真看一遍呢？他们拿到车后，恨不得马上钻进去，跑起来，四蹄生风，哪管什么说明书？

都说教育是针对茁壮成长的青少年的，其实教育应该无处不在，对自动驾驶的用户也要及时教育，免得最终大家得到的是教训。教育和教训，你要哪一个？想必大家的答案都是一致的。

2. 治治顽固分子

特斯拉现有的自动驾驶系统中有技术设置，用来检查司机是否把手放在了方向盘上，检查会频繁进行，发现问题时就提醒，提示音会提高，仪表盘图标颜色会改变。可是这种提醒方法未能起到规劝作用，那些兴奋的车主刚开始还算谨慎老实，一旦自以为熟练掌握了，就疏忽大意起来，对警告不理不睬，把生命当儿戏。网上就有不少视频，你能看到那些车主享受着自动驾驶，满脸兴奋，手离开方向盘长达好几分钟，让人看得是心都提到了嗓子眼儿。内心强大的马斯克看后，也心生恐慌，几近哆嗦。

现在的特斯拉一再强调，自动驾驶模式下司机也要把手放在方向盘上，要时刻关注路况。更重要的是，2016 年 9 月，特斯拉痛下狠心，一定要更新系统，要给车主念念紧箍咒，免得他们像孙悟空似的，不听唐僧教诲，自作主张。要好好"治一治"那些我行我素的顽固分子，省得给彼此丢面丢份儿。

更新系统自然是好事一桩，可马斯克竟然开腔说，即便是更新后的系统，司机在高速公路行驶时手还是可以离开方向盘 3 分钟的。这听起来很矛盾。2016 年 7 月发生在蒙大拿州的那次事故，特斯拉不是说司机未把手放在方向盘上超过 2 分钟，违反操作要求吗？乱了，马斯克搞乱了。天才如斯的马斯克和他的特斯拉前言不搭后语，说话自相矛盾起来。司机这双手到底该怎么搁？算了，还是中规中矩地放在方向盘上吧，毕竟还没到无人驾驶的程度。

据说，有些汽车制造大佬在提高司机警觉性、确保驾驶安全方面挺有一套，不愧"姜是老的辣"。比如，凯迪拉克在它的半自动驾驶系统 SuperCruise 中，沃尔沃在它的自动驾驶辅助系统 Pilot Assist 中，都采用了"震动法"，不是震动座椅，就是震动方向盘，搞得像发生了地震似的，估计和看 4D 电影的效果差不多，目的只有一个，让司机的神经绷起来，让司机的眼睛亮起来，让司机的双手放上来。

特斯拉何不效仿一下呢？不过，治顽疾还需猛药，如果司机不听劝，何不在座椅上生出一些刺来呢？这些刺不会锋利到扎破屁股，但会让人感觉如坐针毡，十分难受，只有司机乖乖把手放回到方向盘上，刺才缓缓退去。这一招着实令人忍俊不禁，不知效果如何。

当然，未来技术足够强大，真正的无人驾驶车里根本就没有司机，只有乘客，哪里还需要这般煞费苦心地检查和规劝？

3. 技术要强大

在这个技术日新月异的年代，物联网、大数据、云计算、人工智能之类的概念层出不穷。现在的人工智能都发展到了能自学的程度，叫作"机器学习"。在接受一定的训练之后，自己就能对源源不断的数据信息进行分析，总结出数据中的各种玄机。既然这样，那么智能驾驶系统是否也可以来个机器学习呢？每一次上路、每一次避免事故、每一次遭遇事故，都可以成为学习资料，上路次数越多，学得就越多，最终智能驾驶系统成为一个经验丰富的老司机师傅。

还记得吗？一些事故发生后，特斯拉的服务器竟然没有接收到汽车行驶数据，这就无法找到问题之源，不仅无法确定由谁来担责，更不利于问题解决，类似的事故可能会再次发生。吃一堑，怎能不长一智呢？以后完全自动驾驶车是否可以配备一个结实强大的记录仪，就像飞机的黑匣子那样，耐摔耐撞，能完整保存汽车行驶记录？

当然，谁都不希望事故发生，谁都希望技术能强大到不发生事故的程度。就像"阿尔法狗"那样，与人对弈，百战百胜，无论哪路高手，都成其手下败将，连棋坛圣贤都直言，不想和它玩了。"阿尔法狗"看的棋谱比任何一个人都多，它能破的棋局无限多。哪天完全自动驾驶也能如此这般，百毒不侵，无惊无险，横竖不出事故，上下挑不出刺来？

四、拨动众生神经的技术

1. 有人被吓着了

（1）"上帝"点怂了

人好好开着车，为什么要有自动驾驶技术呢？无外乎是为了让人省心，为了减少交通事故。可是自动驾驶接二连三爆出问题，有些人已是心有余悸了，完全没了刚开始时那股新鲜、好奇、跃跃欲试的劲头，无论再怎样被商家奉为"上帝"，也是闻"自动驾驶"就色变。谁不是一朝被蛇咬，十年怕井绳？要重建"上帝"对自己的信任，恢复"上帝"对自己的信心，特斯拉还要加把劲。

（2）伙伴生气了

当然，特斯拉有它成本收益的压力，不可能只是砸钱研发，也要赚钱生存。可如果安全问题不断，合作伙伴也会被吓跑的。"移动眼"是一家专注研发智能驾驶辅助系统的以色列公司，与特斯拉一路走来，它感觉特斯拉的所作所为已经突破了安全底线，对此一直忧心忡忡。自动驾驶系统并不能安全处理所有的路况，仅仅是一个驾驶辅助系统，怎么就能言之凿凿地说成是无人驾驶系统呢？总之，"移动眼"比较务实，实事求是。它一定厌恶"说你行，不行也行"的做派，奉行"你不行就说不行"的宗旨。想必，这样的公司有敢做敢当的魄力。

总之，在与特斯拉的关系问题上，"移动眼"拎得很清，生意归生意，做事归做事，如果黏黏糊糊，当断不断，就要伤及自身，甚至伤了整个产业，所以有特斯拉还是无特斯拉，那就两害相较取其轻吧。2016年7月，"移动眼"最终宣布断绝与特斯拉的业务往来，主动给自己减了一个大客户。不过，"移动眼"也不缺客户，全球 27 个汽车生产商使用它的碰撞预警系统，这就占了 70% 的市场，印证了"手中有粮心里不慌"是颠扑不破的道理。

想当初，两家企业在商海中走到一起，荡起双桨，可现在，友谊的小船说翻就翻。遭到伙伴离弃，特斯拉倒也不怕，耸耸肩，泰然自若。"移动眼"瞧不上咱，那是它跟不上咱的步伐，道不同不相为谋，大伙就异爨吧。看来，尴尬事情来砸门，特斯拉倒是气定神闲，拿得起，放得下。商海浮沉，没有这股心力也不行。可谓是：

> 万里长江横渡，极目楚天舒。
>
> 不管风吹浪打，胜似闲庭信步。

（3）法眼睁大了

不该发生的事故发生了，成了不该发生的故事。但是，"特斯拉"们依旧忙忙碌碌，该来的无人驾驶终究还是要来。只能劳烦立法者了。法眼金睛，它对无人驾驶不能等闲视之，要动起来，要保护人民群众的生命财产安全。

以美国为例，负责高速路交通安全的部门是国家高速路交通安全委员会，但是它没有义务事先检测和审批装有自动驾驶系统的车，这就等于是给"特斯拉"们网开一面，大开方便之门。不过，自从 2016 年 5 月特斯拉车在佛罗里达州发生惨烈事故后，监管部门猛然意识到了问题，终于严格起来，要求特斯拉提供系统更新数据，还要求自动驾驶车生产厂商一概都要提供行驶数据。

看来，监管部门还是挺厉害的，不动则已，一动就是真格，虎虎生风，向"特斯拉"们索要数据。数据是对过往事实的记录，有数据才能有真相。行驶数据记录了自动驾驶系统的实际表现，包括它到底有没有提醒司机把手放到方向盘上、到底提醒了几次、事故前它在干什么。如果"特斯拉"们躲躲闪闪，不愿拱手递上行驶数据，那除了有猫腻外，还能是什么？

2. 挡不住的魅力

（1）品题

现在我们来做三道非常简单的单选题。

1. 你期待自动驾驶：

A 比最好的司机好

B 与最好的司机一样好

C 不如最好的司机

对于这道题，相信每个人的答案都是 A。

2. 自动驾驶，或者说无人驾驶，是为了：

A 解决所有人的用车安全问题

B 解决不会开车人的用车问题

C 解决不能开车人的用车问题，例如老年人、残疾人、聋哑人等

对于这道题的答案，也许是仁者见仁、智者见智。不过，"特斯拉"们立意高远，他们是奔着 A 去的，那才是他们的梦想。

3. 目前自动驾驶胜任的路段是：

A 畅行无阻的高速路

B 高峰时段城市的拥堵路

C 游蛇般的山路

这道题的答案也是 A，虽然人们期待答案能是 A+B+C。

怎么样，从这三道题中品出点儿什么味道了吗？是否感觉前两道题的味道是甜的，理想是丰满的；最后一道题的味道是咸的，现实是骨感的？"自动驾驶"这个词从一出现就散发着抵挡不住的魅力，无论是技

术研发者，还是技术享受者，都对它心存念想和期待。

励志的故事大家都爱听，人们还对励志的数学等式津津乐道（如下图所示）。这些等式表明了什么？答案一目了然。每天都努力，一点点的努力最后变成大成就。

$$1.01^{365}=37.8 \qquad 1.02^{365}=1377.4$$
$$0.99^{365}=0.03 \qquad 0.98^{365}=0.0006$$

自动驾驶技术的发展何尝不是这样？它目标远大，但不能一蹴而就，只能一点点前行，一步一个脚印，踏踏实实，目前还在长征路上。可谓是：

干将发硎，有作其芒；
天戴其苍，地履其黄；
纵有千古，横有八荒；
前途似海，来日方长。

（2）新贵

无人驾驶这块地不仅仅是特斯拉的，还有很多技术新贵也来圈占，他们一如拼命三郎，使出浑身解数，不是来随便凑凑热闹，而是动真格的一较高下，反正是"天高任鸟飞，海阔凭鱼跃"。

你瞧，优步正尝试打造无人驾驶出租车。用老板的话来讲，这就不用再给司机工资了；用会计的话来说，这就是削减营运费用啦。2016年9月，优步选择在美国匹兹堡市进行试验。匹兹堡市中，一条条宽窄巷子星罗棋布，是考验开车技术的绝佳地方，也是有底气的人才会选的地方。优步框定了12平方英里的范围，圈选了一些用户。当然，驾驶座上安排了工程师，以备不时之需。坐在这样的优步出租车里，感觉应该不错。试验者不仅能体验无人驾驶，还有工程师陪伴，好像两个人一同探索未知世界，问题来时也不用慌张，身边有了工程师呢。

2016 年 9 月，优步在匹茨堡市尝试无人驾驶出租车。车里有工程师，以备不时之需。

再看看谷歌，它似乎冲到了最前方。2015 年 10 月，谷歌邀请一位盲人试乘它的无人驾驶车，这位盲人有幸成为第一个体验谷歌无人驾驶车的用户。只不过，那仅仅是样车，与其他汽车比起来，显得小如豆荚。里面简洁至极，没有方向盘，没有刹车板，只有两张座椅和一方小条案，条案上有开关按钮。除了有 4 个轮胎和能上路奔跑还能说明它是汽车外，简直可以说是"陋室"。一位盲人，独自一人，试跑了 10 分钟，虽然时间短，但意义非凡。盲人试乘后，非常开心，感觉自己又可以独立生活了，生活有了"斯是陋室，惟吾德馨"的奔头。

这么具有里程碑意义的事情是在时隔一年多后才大白于天下的。2016 年 12 月，谷歌把无人驾驶项目单挑出来，成立了名叫 Waymo 的公司，此时不仅没必要再继续保密，而且在历经了 8 年呕心沥血、试验路程累计 200 万英里后，也该把无人驾驶车推出了。也许，谷歌在纵横驰骋于高科技领域时，还是讲究一张一弛文武之道的。它既急于研发无人驾驶技术，生怕在这个领域被落下，又不急于推出自己的技术，而是要修炼到炉火纯青、火候到时。可谓是：

红尘易泪没，跋涉意力筋。
不如巢华山，修炼如老君。

2015 年 10 月，一位双目失明的盲人独自体验谷歌无人驾驶车 10 分钟。

（3）老骥

汽车的发展历来呈现聚集地模式，比如，以前美国汽车产地在底特律，老牌汽车生产商福特、通用、克莱斯勒都在那里发家致富，而现在汽车产业似乎移到了硅谷，那里的技术公司研发汽车自动驾驶技术，成长为新生代汽车生产商，成为新贵，比如特斯拉、谷歌、优步。看着新贵们一副初生牛犊不怕虎的样子，听着限制碳排放的《巴黎公约》被越来越多的国家接受，汽车大佬们颤颤巍巍，明白不能吃老本了，与其今后日子难熬，还不如今朝就迎接时代的挑战。福特、通用、大众、奥迪、奔驰、德尔福、博世、日产、丰田、沃尔沃，纷纷撸起袖子，甩开膀子，拿出老骥伏枥的劲头，一头扎进了智能技术的研发中。

无人驾驶这行当要干好，所需甚多，不仅要有制造技术和资金这些常规硬实力，还要有人工智能和地图绘制等现代科技软实力，因为无人驾驶车需要视觉，要眼观六路，还需要智慧，能"思考"。领略了新贵们如何凭借软实力而各领风骚，老牌前辈也"脑子灵活"起来。它们自知短板在哪儿，于是个个屈尊俯就，纷纷牵手新贵。在 2017 年国际消费类电子产品展览会上，奥迪与英伟达 (Nvidia)，微软与沃尔沃，宝马、英特尔与"移动眼"都强强联手了。

也许无人驾驶领域最终不会是新老交替、新老传承，而是新老互补、新老结合，就好像是老酒装新瓶。终归是新贵和前辈各有各的短、各有各的长，你的短就是我的长，舍我其谁？

（4）未来

目前，除了谷歌冲得比较猛外，无论是特斯拉这些新贵，还是福特那些前辈，它们的自动驾驶技术最多只是个开车助手，人还是主导要素，方向盘还要保留，司机座位还是面对方向盘的那个，复杂的路况还要靠复杂的人脑。这是否意味着，有了所谓的自动驾驶车后，对司机的要求更高了，因为他要处理智能系统不能处理的情形？可是，如果人们面对简单的路况不动手，而是让智能系统代劳，总是眼高手低，懒得动弹，那么遇到复杂情形时，如何应付得了？

既然自动驾驶的大幕已经拉开，就必须唱下去，直至捧出真正的角儿来。当角儿以气宇轩昂之姿、字正腔圆之音登台亮相时，定会博得满堂喝彩，之前的努力终将有所回报。而自动驾驶的极致就是全自动、全路段、全天候的"三全"无人驾驶，那才是真正的、纯粹的、不掺水的"角儿"，才是"特斯拉"们心中的玫瑰、梦中的雪莲。马斯克已踏上了寻觅之途，不再回头。可谓是：

行路难！行路难！多歧路，今安在？
长风破浪会有时，直挂云帆济沧海。

今后，真正的完全自动驾驶车一定会配置更多更先进的技术。想象一下，路上跑着很多真正的自动驾驶车，它们相互协调，道路因此安全畅通，车里没有司机，只有乘客，他们或在打盹儿，或在聊天，或在享受。汽车连上了互联网，汽车在路上跑，数据在网上流，一条路上每辆车的数据合在一起，构成了一组大数据，每辆车的行进路线都是实时精确计算而来的。到那时，交通肇事、酒驾、碰瓷都成过往。到那时，车是智能的，路是感应的，人是悠闲的。到那时，一辆车没有自动驾驶系统，也许就是个奇闻。可谓是：

春花秋月何时了？往事知多少。
小楼昨夜又东风，故国不堪回首月明中。
雕栏玉砌应犹在，只是朱颜改。

201

技术飞速地发展，一个个职业会"濒危"或"灭绝"。语音识别和智能翻译会优雅地灭掉速记员和翻译官，自动驾驶会绝情地灭掉司机。人们在觥筹交错时，人工智能已开始创作，又是写小说，又是作曲，它们的能耐还在火速上升。以后还有什么它们做不到的吗？我们正在从事和将要从事的职业走向濒危的概率有多大？当下我们需要如何使自己变强大？

第十项　空中取电技术

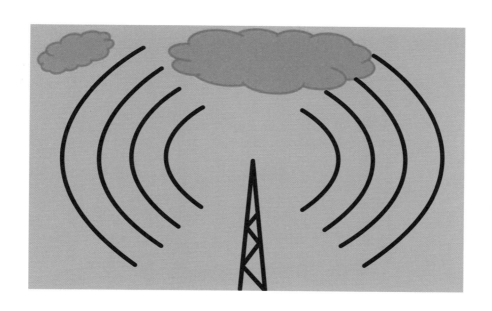

开场花絮：皇城根儿的北漂青年

小明，非典型 IT 男，北漂族，最喜周末穿街走巷，遍访名人故居，寻找京城的旧时模样。那日，日头偏西，他走在一条窄胡同里，已是人困手机乏。不远处传来抑扬顿挫的京剧段子，曲子和着那时那地，人好像跟着要穿越时光。小明走过去，看见一位白眉银须老汉，依偎在院门口的一把旧藤椅上，眼角眯缝着，身旁的收音机边角都磨亮了。老汉正沉浸在音乐中，心满意足，满脸都是享受当下的神情。古朴民风，小明甚是喜欢，忍不住坐到门墩上。一个是民国时期出生的老汉，一个是现代社会的北漂青年，他们同镜同框，颇有味道。这时，手机有了动静，原来探得周围有 Wi-Fi，开始充电了。小明也正好歇歇脚，静静地享受这悠悠的历史感觉。不知身旁的长者是否感受到悄然而至的现代气息？

古人云：
山外青山楼外楼，
西湖歌舞几时休？
暖风熏得游人醉，
直把杭州作汴州。

今个说：
山外青山楼外楼，
无线电波几时休？
科技惹得众人醉，
直把信号作能量。

开场属虚构，要知实情，请看下文。

一、听起来就梦幻的空中取电

1. 使劲发挥想象力

人是铁，饭是钢，一顿不吃饿得慌。人不吃饭，就没力气干活儿。我们现在人手几个电子设备，如果电池没电了，它们就停工，成了闲摆设。小孩子都知道要给电子设备充电，不过这里要说的是一项黑科技——从空中取电，这也许连大人都还不清楚。

乍一听到空中取电，是否感觉又是什么科幻变成现实了？难道我们可以拿着手机或平板，对着天空吆喝几嗓子"我是某某，赐予我力量吧"就可以了？

想象力丰富的确让人快乐，想象力丰富的人一定也是容易快乐的人。空中取电，怎么想都感觉很梦幻，让人心驰神往。不过，对于听起来亦真亦幻的空中取电技术，还是要有言在先，以防迷失。

此处的空中取电不是从太阳和风借力，那是太阳能发电和风力发电；也不是借助电闪雷鸣，那太危险了。这个空中取电的能量来源有些特别，是空中的无线电波，也就是所谓的射频信号，它是电磁波的一种。谁能想到，电波从空中来，带着信号，竟然可以用来充电？当它在空中与传说中的魔毯偶遇时，是否会脱口而出"你我相逢在无边的空中，你有你的，我有我的，方向"？它就是冲着智能电子设备去的。

空中取电也不是飞机空中加油那般，它不需要任何管线，而是无线操作，电源线和充电器就此下岗，电子设备毫无拖累，一身轻松。听到无线操作，你也许以为把电子设备随便往哪儿一撂就行了。这个感觉对，也不对。看似随便一撂，其实没那么简单，其中有技术含量，涉及能量传输和转化两个过程，也就是能量从哪里来、到哪里去的问题。

在过去的若干年中，无线充电技术已是百花齐放、百家争鸣，各种

207

方法大放异彩，看看无线充电技术的发展过程就可略知一二，寻其轨迹，还会不经意地来到空中取电面前，好好端详一下。

2. 热身物理知识

如果你已经把物理知识还给老师了，正为此无奈，那我们就先简单热身一下。有几个物理原理是无线充电技术的坚实根基。

（1）电磁感应

电与磁互相交织，电生磁、磁生电。1820 年，丹麦物理学家奥斯特发现了电流的磁效应，也就是电生磁现象。1831 年，英国科学家法拉第发现磁场的改变可以产生电流，也就是磁生电现象，即电磁感应现象。

（2）磁共振

歌唱家在台上引吭高歌，台下的一只酒杯碎了。是谁那么不给面子，想砸场子？还是歌唱家自编自导变起了魔术？或者是哪位听众醉了？都不是，也别猜了。那是酒杯按照歌唱家的声波振动频率共振，获得了很大能量，结果被震碎。看来问题还是出在歌唱家和那只酒杯身上，歌唱家的声波传递了很厉害的能量，那只酒杯在"陶醉"中接收了这厉害的能量，最后搞得满场皆惊。不知有多少歌唱家声如洪钟，唱碎了几只酒杯？

与此同理，取两个导电线圈，给其中一个通电，它以某个频率振动，产生电磁波，另一个线圈若以同样频率振动，就能最大程度地接收能量，两个线圈之间产生一个能量通道，这就是磁共振现象。

19 世纪时，电网尚未出现，有人打起了磁共振的主意。尼古拉·特斯拉是当时著名的美国物理学家、工程师、发明家，他那聪明的大脑完全让他闲不住。他总想利用磁共振来做点什么，于是筹划在美国纽约长岛建一个 187 英尺（约 57 米）高的塔，通过发送电磁波进行长距离无线能量传输，甚至是信息传输。

特斯拉原本想借助尼亚加拉大瀑布电厂的丰富电力资源，通过高塔把电输送到地球的任何一个犄角旮旯，无论是茫茫大海中孤独航行的船只，还是远离城市的工厂，或是散布各地的千家万户，都将接收到电能和信息。难不成这是让全世界都调到同样频率共振，以此来接收能量？特斯拉的计划的确让人佩服，他有着千金散尽皆为众生的菩萨心肠，要把光明带给全世界。只可惜，他的高塔计划最后因为缺钱而告吹，成了世纪遗憾。

左图：特斯拉塔 187 英尺（约 57 米）高，圆顶直径是 68 英尺（约 21 米）。
右上图：如果特斯拉塔能完成，这就是其外观和运行的模型图。
右下图：特斯拉想通过高塔使高频电在电离层传输，以此照亮海洋。

特斯拉线圈

1891 年，特斯拉借助磁共振原理，做了高压放电实验，这个实验此后以"特斯拉线圈"之名响彻云霄。

我们可以用下面这个故事理解一下"特斯拉线圈"。

巴依老爷富得流油，要吃有吃，要喝有喝。这天，巴依老爷吃得很撑了，看到门口有个穷汉，于是就把吃不下的饭菜施舍给穷汉。穷汉本想吃点儿就行了，可没想到巴依老爷家吃的东西太多了，饭菜不停地端上来，穷汉实在是盛情难却，几番推推挡挡后，穷汉也吃撑了，终于吐了出来。

　　"特斯拉线圈"就有点儿这个故事的感觉。特斯拉使用两个导电线圈做实验，一个线圈连接能量源，这个线圈就好比富有的巴依老爷；另一个线圈不连接能量源，这个线圈就好比穷汉。每个线圈都配有电容器，用来储存电能，这就好比巴依老爷和穷汉的胃。能量源连接变压器，低压变高压，能量源就好比食材，变压器好比厨子，他把食材做成美味，然后盛给巴依老爷。

　　"巴依老爷"线圈从"厨子"变压器得到"美味"能量后，它的电容器"胃"吸收电荷，当电容器中电荷累积过多时，电荷就从电容器中流出，沿着第一个线圈流动，并穿过火花间隙在"穷汉"线圈中产生电流。电荷在两个线圈之间以每秒几百次的频率来回流动，并在"穷汉"线圈和电容器中积累。最后"穷汉"的电容器"胃"也电荷过高，于是电流释放出来，好在不是电容器"胃"被撑爆。

　　用大的特斯拉线圈可以点亮50英尺外的灯泡，也就是说用特斯拉线圈可以实现电力的无线传输。

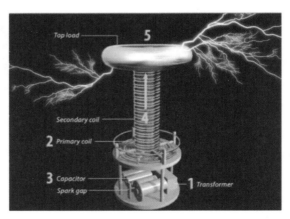

特斯拉线圈：
1 是变压器，把低压变成高压。
2 是第一个线圈，连接能量源。
3 是第一个线圈的电容器，电荷在这里积聚。
4 是第二个线圈，产生电流后，能量在两个线圈之间流动。
5 是第二个线圈的电容器，放电从这里发生。

美国伊利诺伊大学和费米实验室开发的双"特斯拉线圈"，能释放 4 米远的电火花。

特斯拉小记：一位有趣可爱而又令人怜惜的世纪科学家

特斯拉（1856—1943），塞尔维亚裔美国人，年轻时前往美国，在美国生活 60 年。

特斯拉的父亲是传教士，原本期待特斯拉能继承衣钵，但是后来发现他很有科学天赋，只好放弃子承父业的打算。母亲未受多少教育，但是动手能力很强，会摆弄制作一些家用工具，记忆力很好，能记住塞尔维亚史诗。

特斯拉也有超强的记忆力，会 8 种语言，有塞尔维亚 – 克罗地亚语、捷克语、英语、法语、德语、匈牙利语、意大利语和拉丁语。

特斯拉终生未娶，他认为自己的纯洁有助于科学研究，最令他开心的事就是关在实验室里思考和实验。

他有专利无数，本可像爱迪生那样富甲一方，但他不看重金钱，连临终时的居所都是纽约的一家旅馆，他的钱基本花在了科学研究上。

他衣着得体，外表整洁，不喜欢身材臃肿之人。他睡眠很少，总在不停地工作，可这也没有妨碍他活到 86 岁，如果他对休息和饮食稍加注意，一定可以更长寿。也许他的养生之道就在于每天坚持走 8 ～ 10 英里路，并每晚坚持做脚部活动，他认为这有助于激发脑细胞。

在生命的后期，他救治了一些伤病的鸽子，他觉得其中一只雌性白鸽似乎最懂他、爱他。

他最终死于冠状动脉血栓。两天后，旅馆的服务生才发现，只因他在门上挂着"请勿打扰"的牌子，服务生一直未进去。临终时，他独自一人，但精神世界丰富。弥留之际，他在想些什么？家乡？亲人？白鸽？电磁？

这就是特斯拉，一个几百年才一遇的科学家，他的思想穿越时空，深邃异常，一百多年后还让后人称奇叫绝。

（3）背向散射环境

看来，有关无线送电的物理原理早就存在，不是什么新鲜事儿了，要想寻求突破，就必须找到不同寻常的能量来源或传输方法，于是就有了背向散射环境方法。此法利用环境中丰富的射频信号，通过一定的方式和设备把射频信号反射给接收设备，以此来进行能量传输，甚至是信息传输。这就好比有个工程项目，发包人把资金和图纸发给承包人后，承包人会把部分资金和图纸传给分包人，两人一起搞建设，此处的资金就好比能量，图纸就好比信息。背向散射环境技术不仅解决了电子设备的能量需求问题，还使得它们成为万物互联网中的一员，最终会使大数据和云计算的魅力得以充分展示。

二、精彩纷呈的无线充电技术

有了前面的物理知识垫底，接下来我们就细细品味几种不同的无线充电技术，它们可是大有嚼头的。

1. 电磁感应方法

（1）英国的充电垫子

一家英国公司名叫 Splashpower，可以译为"能量四射"，这个魅力四射的名字足以透露些许信息，也许这家公司有什么过人之处。2003年，"能量四射"设计了一款无线充电垫，只要把待充电的设备放在上面就可以充电，待充电设备不需要原配的充电器。那是个没有智能手机、流行听 MP3 播放器的年代，充电垫子给那个年代的设备提供了一个温暖的窝，用来养精蓄锐，这在当时算得上是富有科技含量。

"无线充电垫"，这个名字听起来有点儿脑筋急转弯的感觉，到底是说充电垫是无线的，还是说充电是无线的？有图有真相，看看充电垫屁股后面的那根尾巴，这个语法兼逻辑问题就全解决了。原来，充电垫要连接电源，通电后产生磁场来传送能量。待充电设备通过电磁感应获得能量，里面有个特殊的接收模块，可以把能量转化为直流电，这样无线充电就被搞定了。

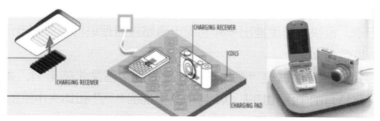

"能量四射"的无线充电垫。左边是待充电设备需要用的接收模块。

2008年，"能量四射"又推出了新款充电器，长得像沙发，也像太妃床，待充电设备只要往上一坐，就可以逍遥充电，恰似下班后享受一下按摩，舒舒服服胜过活神仙。这款充电器同样用的是电磁感应原理。

左边是2008年推出的充电器。右边是手机放在充电器上充电。

"能量四射"实现了无线充电，用充电垫之类的方式取代了充电器和电线，而且是以一当十，用一个充电垫就取代了诸多充电器和电线，手机和MP3播放器等诸多设备不用再"拖家带口"了。不过，待充电设备还必须来个"葛优躺"之类的姿势，确保身不离垫。这说明，设备充电时依旧没有获得自由身，不能随便挪窝，这一点与以前用原配充电器充电是一样的。

（2）名字散发浓郁中国味的国际标准

2008年12月，一些国际著名的消费类电子产品生产商欢聚一堂，拜把结盟，成立"无线电力联盟"（Wireless Power Consortium，WPC），地点设在美国新泽西州。盟约所设目标很简单，但立意高远，那就是要打造全世界最安全有效的无线电力传输国际标准，要让普天下的电子产品生产大佬和无线充电技术大咖都朝这里看过来。联盟成立后，火速行动，很快就隆重推出一种利用电磁感应原理进行无线充电的技术标准，取名为QI。

你猜对了，QI就是"气"。估计是受到中国文化的影响，尤其是中国文化特有的中医和功夫，QI与中医里说的"气"和功夫中练的"气"一脉相承，均指能量，要让能量运行起来。中国人一听到"气"，就会有特别的感觉，会想到道教、易经、太极、黄芪、武术等，眼前会浮现出《射雕英雄传》里的降龙十八掌，气出于己，势出于气，气盛则势强，震慑于物，物慑于势而见于百里者，大惊。降龙十八掌能够集气与势的威力而震慑百里。QI 则是集磁场和电场于股掌之上。

能取这个名字，搞不好这个联盟里有些重要人物是中国通，颇得中国文化的精髓。一个云集了国际大品牌，并在外国成立的国际机构，选择了富有中国内涵的字眼，命名一个前沿技术的国际标准，这不能不让人高兴一阵，思考一番。也许这个太有中国味的名字正可以拉近与中国的心理距离，搞得像是"与君初相识，犹如故人归"。

用无线方式充电，和有线方式充电一样，都有一个匹配问题。比如，如果手机不兼容 QI 标准，那就需要特制的外壳或接收器辅助进行无线充电。不过，联盟是由商业大佬共建的，吸引力很大，目前已有 223 个成员，有 80 多种移动设备和 15 个汽车型号都使用了 QI 标准，手机品牌包括诺基亚、三星、索尼、LG、摩托罗拉、HTC 等，汽车品牌包括美国吉普自由光、日本丰田亚洲龙、日本丰田普锐斯、韩国双龙主席等。此外，宜家和麦当劳在一些店里安装了 QI 充电设备，与 QI 标准兼容的电子产品可以在店里充电，顾客们无弹尽粮绝之虞，尽享生活之怡。

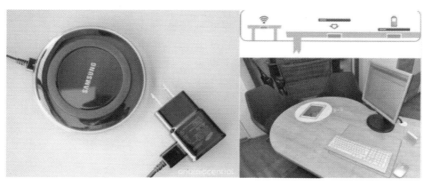

左图：使用 QI 无线充电标准的三星无线充电垫。
右图：使用 QI 无线充电标准的一款无线充电座，可以内嵌在桌子等家具中。

2015 年 6 月，联盟宣布更新 QI 标准，QI 充电装备的输出功率由原来的 5 瓦特提升到 15 瓦特，可以实现快速充电，被称为"快充 2.0 版"。这次改进主要体现在材料和方法上，电线使用了绞合线，用来进行电磁感应的磁场被磁材料夹在中间，就像做三明治或肉夹馍那样。这些改进都能减少电磁散射，促使能量传输更加有效。

有了QI"快充2.0版"，手机充60%的电量只需30分钟，比以前少一半以上的时间。不过，大多数智能手机的输入功率是5瓦特，安卓平板电脑一般需要7.5瓦特到9瓦特，所以它们要享受QI快充，还要看自己的容量是否足够大，能否容得下这么大功率的电流。目前来看，有些安卓手机已能匹配QI快充标准。以后，生产商们也会对照着这个新标准来生产可以快充的智能电子设备，未来的手机或平板电脑在充电方面又要升级换代了。

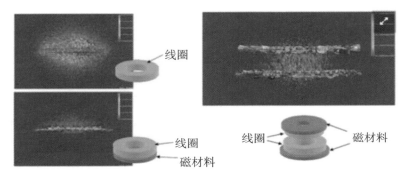

左上图：线圈及周围的磁场。
左下图：线圈底部覆盖了一层磁材料，磁场不能在下方延伸。
右下图：能量发射端线圈底部和接收端线圈顶部覆盖一层磁材料。
右上图：磁场被夹在发射端线圈和接收端线圈中间。
　　　　这种三明治方式可以减少电磁散射，提高能量传输效率。

2. 磁共振方法

（1）"无线的电"不是无线电

2007年6月，美国麻省理工学院的研究人员热火朝天，公布了一种很不错的无线充电方法，还为此成立了公司Witricity，这里姑且就叫"无线的电"吧。注意，不能叫无线电，因为无线电是电磁波，而此处是指无线方式获得的电。叫"无线取电"也不行，因为许多同行都在竞相开发无线取电技术，你叫"无线取电"了，别人开口闭口谈无线取电时，你就会说侵犯了你的企业名称权，别人也不干呀。掂量来掂量去，还是用"无线的电"作为中文名吧，虽无文采，却可省去误解和麻烦。

"无线的电"怀揣无限的梦，它要开发许多元器件，用作无线取电，今后不管哪个行业生产电子产品，只要安装"无线的电"的元器件，就可以无线充电，人们不用再纠结于那些剪不断、理还乱、忘了带、找不到的电线、电池、充电器了。

（2）两个线圈就够了

用两个线圈就可以展示麻省理工学院的独家绝活。取两个铜线圈，中间无须电线相连，线圈 1 接入电源，线圈 2 连接一个 60 瓦的灯泡。用尼龙线把两个线圈悬挂在半空中，中间的距离在几厘米到 2 米之间变化。线圈 1 通交流电后，按某个频率振动，所产生的磁场被线圈 2 捕捉到，当线圈 2 与线圈 1 以同一频率共振时，能量就在两个线圈之间高效率流动。即便两个线圈距离 2 米远，灯泡都能亮。如果不知道其中的磁共振原理，还以为有什么魔法呢。研究人员发现在两个线圈中间放置不同材质的障碍物，磁场要么是视之为无物，直接横穿过去送电，要么是绕道而行，此时一定是因为遇到了"强手硬汉"，那就是导电的金属材质障碍物。

"无线的电"功力就在两个铜线圈上。科研人员对线圈做了精心处理，使它们能以相同的频率振动，也就是共振。两个线圈共振时，两个磁场耦合成一个，能量在两线圈之间高效传输。这种方法传输能量的距离比电磁感应方法要远，后者只能近距离传递能量。

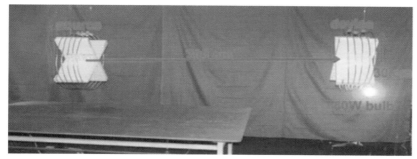

两个铜线圈直径为 60 厘米，相距 2 米。左边线圈连接电源，右边线圈连接 60 瓦灯泡。左边线圈通电后，右边线圈上的灯泡亮了。

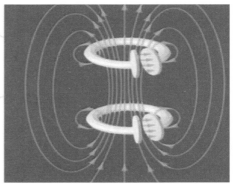

左图：
左边线圈通交流电，蓝色线表示磁场。
黄色线表示能量从左边线圈流动到右边线圈。
能量到达右边线圈后，灯泡亮。
中间是导电的障碍物，磁场可以绕过去。
右图：
上面的线圈通电产生磁场，诱使下面的线圈产生电和磁场。
两个线圈共振，磁场耦合，高效率进行能量传输。

关于电磁感应和磁共振，可否用这温情一幕来描述呢？年老眼花的母亲去看望孩子，两人挨得很近，彼此看着对方，心里感应着母子情深。如果孩子离母亲还大老远，孩子眼力好，看见母亲了，可母亲眼花，没看到孩子就在前方，此时孩子会兴奋地挥手跳跃，向母亲示意，母亲这才辨识出忙着赶过来的孩子，于是也频频挥手，款款深情就在两人挥手间无拘无束地流淌着。

"无线的电"用磁共振耦合方法点亮灯泡，效率只有 40% ～ 45%，也就是说通电线圈发出的能量一半以上没有到达灯泡。即便如此，人们也已是欢欣鼓舞了，毕竟这就像是玩魔术。设备充电时不用再被拴在电源附近，而是可以在一个适当的空间晃悠来晃悠去，自在多了，活脱脱的移动充电嘛。而且只要设备进入这个适当的距离范围内，它就能自动充电，充电实现了自动化。

无线充电、移动充电、自动充电，顺理成章全有了雏形。这的确挺撩拨人们的想象力，让人们满怀期待，期待着被彻底解放。忽然间有了围城的感觉，也许人们被线围得过久，终于想冲出来透透气，看看别样的无线世界。

如果哪天你也厌倦了"有线"的围城，想过把"无线"的瘾，就可以搞来"无线的电"的技术装备，把连接电源的线圈嵌在屋顶、地板、墙上或桌下，把接收能量的线圈嵌入或连接至待充电设备，然后就可以在有效范围内自动充电了。研究人员尝试用此法给谷歌 G1 手机、苹果手机和诺基亚手机充了电，还开发了一款用此法充电的电视。

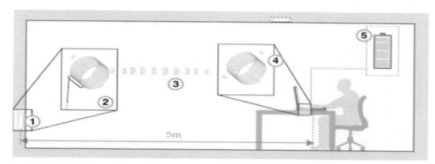

1. 磁线圈做成的天线 A 置于盒内，安装在墙上或屋顶。
2. 天线 A 通电后以某个频率振动。
3. 电磁波在空中传播。
4. 磁线圈做成的天线 B 置于电脑等设备里，与线圈 A 同频率振动，并吸收能量。
5. 电脑等设备充电。
说明：天线 A 与天线 B 可以相距 5 米远。

"无线的电"特别强调，由于使用的是低频电磁波，能量通过磁场传输，所以很安全，无须担心辐射问题。当然，另外一面就是，"无线的电"不能在无限远的距离中传输能量，因为给电设备和接收设备之间的磁场耦合会随着距离拉长而迅速下降，也只有高频电磁波才可以实现能量的远距离传输。

（3）基础科学孕育新发明

科研人员早在 2005 年就申请了这项技术专利，而他们不过就是使用了两个线圈来展示专利技术，这未免也太简单了，简单到足以让别人扼腕痛惜的程度。可这就是生活，就是工作，就是创造。简单得不能再简单的东西，基础得不能再基础的知识，仍孕育着发明，质的飞跃就源于此。谁得其表，谁得其真，实在是与人有关，与心有关。难怪日本科学家大隅良典在获得 2016 年诺贝尔生理学或医学奖后，呼吁科研人员要重视基础科学研究。

（4）同理不同解

2007 年，新西兰奥克兰大学也丝毫没闲着，建了一家产学研相结合的公司，亦如其他同行，直白取名为 PowerbyProxi，直译"近处电力"，意即"咫尺之间就有电力"，一番用意了然于名，乍一看便知是个搞无线充电的公司。

其实，奥克兰大学对无线电力的研发从 20 世纪 80 年代末就开始了，所建衍生公司数量之多在全球各大学中可谓是首屈一指，看来它很在意把知识变成生产力，而且全落实在了行动上。因为这所大学，奥克兰市成了无线电力的故乡。

早在 1995 年，奥克兰大学教授就利用磁共振耦合来传输能量。建立"近处电力"就是要商业化利用这种技术，说白了，就是要让技术变成产品，变成白花花的银子，让知识变成财富。

"近处电力"挺争气，利用奥克兰大学的 160 个专利，继续开发了几十个专利。2014 年 6 月，在台北国际电脑展上，"近处电力"展示了它的一款磁共振无线手机充电器，输出功率达到 7.5 瓦特，工作距离是垂直 30 厘米，可以穿过木头、塑料和复合材料充电。2015 年 1 月，在国际消费类电子产品展览会上，公司 CEO 侃侃而谈，他家的无线充电器充电效率最高超过 70%，在他看来，这是无人能及、无可匹敌的，他因此而踌躇满志。

台北国际电脑展（Taipei International Information Technology Show，简称 Computex Taipei）始于 1981 年，最初是为了展示台湾省中小型电脑企业的产品。随着台湾信息技术产业在 20 世纪 90 年代的发展，该展会迅速扩展成为全球 IT 业展会，目前是全球第二大、亚洲第一大电脑展会。

国际消费类电子产品展览会（International Consumer Electronics Show，简称 CES），由美国消费类技术协会主办。始于 1967 年，每年 1 月在美国拉斯维加斯举办，展示全球最新消费类电子技术。该展览会目前是全球最大的消费类电子技术展览会。

外行看看热闹也就罢了，可是同行就要看门道了。美国的"无线的电"看到 70% 这个数据会作何感想？可是别忘了，它所实现的无线充电工作距离要远超"近处电力"，距离远了，自然传输效率会下来。看来，在无线充电这个行当要混出个模样，要出人头地，还要在工作距离和传输效率上狠下功夫。

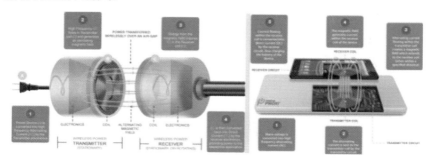

左图：能量发射端和接收端都有电路和线圈，发射端连接电源。
右图：作为能量发射端的充电座和作为能量接收端的智能手机。
能量传输过程：
1. 电源的电流被转变为交流电；
2. 交流电经过发射端的电路；
3. 交流电被送到发射端的线圈；
4. 流经发射端线圈的交流电产生交变磁场；
5. 交变磁场延伸到接收端线圈；
6. 接收端线圈共振并产生交流电；
7. 接收端电路把交流电变成直流电。

3. 背向散射环境方法

（1）英国之免费能量

天上掉下的馅饼

我们身处的环境充满了射频信号，手机的 2G、3G、4G 信号，Wi-Fi 信号，数字电视信号。漫天都是肉眼看不见的信号，它们除了"暗送秋波"，传递声音、图像、信息外，还能做些什么"正经事儿"吗？当然能，终于谈到新的无线充电方法了，这就是蟾宫折桂的"空中取电技术"。

2015 年 9 月，位于英国伦敦的德雷森技术公司宣布可以从环境中收集射频信号，把它转变成电能，给电子设备充电。这些电来自空中的射频信号，没有任何费用，也没有法律说不可以使用，不算偷不算抢，最多就是揩了点儿油水，所以这种技术美其名曰"Freevolt"，言下之意为"免费伏特"。难道这就是传说中的意外之喜，从天上掉下的馅饼，抑或是免费的午餐？当你遥望天空时，是否也会想到利用那永不消逝的电波？

来者不拒的大胃王

免费伏特系统由三部分组成，分别是天线、整流器、能量管理模块。多频段的天线能够从周围环境收集射频能量，它的胃口挺大，从 0.5 千兆赫到 5 千兆赫频段内的射频通吃。整流器可以把收集到的射频能量转变成直流电。能量管理模块可以提高电压，储存和输出电能。

由于使用的是环境中的射频信号，所以这种充电方式不需要专门的能量源，它借助背向散射方法，就可以吞入电磁波，吐出电流，好比牛吃草后挤出了奶。既然电磁波无处不在、无时不有，这种无线充电就可以实现移动式充电和自动化充电。

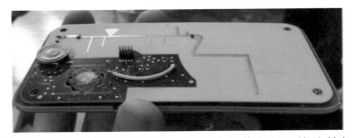

免费伏特系统最重要的部分是天线，它用来接收周围环境的射频信号。当系统收集到足够的射频信号时，左边的扬声器就会发出声响。

不难理解，免费伏特技术能收集的能量多少有赖于射频信号强度。据"德雷森"测量，伦敦地区室外射频强度最大是每平方厘米几微瓦特，而室内的信号主要是 Wi-Fi 信号，射频能量强度会更低，总体平均下来，射频强度也就是每平方厘米 20 纳瓦特到 35 纳瓦特。这样一来，目前一个标准的免费伏特单元只能产生 100 微瓦特的电，只能给耗电不多的设备充电。此外，农村地区不像城市那样，被各种现代科技前呼后拥，农村没那么多射频信号，免费伏特技术在那里如入困境，纵然浑身本事也使不出来。好在农村地区也没有那么多电子设备需要充电，粥少僧少还可以对付一下。

Watt，瓦特，简写 W

Milliwatt，毫瓦特，简写 mW

Microwatt，微瓦特，简写 μW

Nanowatt，纳瓦特，简写 nW

1 瓦特 =1000 毫瓦特

1 毫瓦特 =1000 微瓦特

1 微瓦特 =1000 纳瓦特

小技术也有大作为

怎么形容此时的感受呢？用"少得可怜，可有可无"来总结这项技术行吗？这就错了，不是说"毋以善小而不为，毋以恶小而为之"吗？别小瞧小的，轻视少的，免费伏特技术好歹也是很有技术含量的。正因为如此，德雷森还申请了专利保护，别人想用，还要德雷森点头应允才行。

至于如何布置安装免费伏特系统、如何在电子设备中集成相关部件，德雷森当然是守口如瓶了。不过，我们还是可以从它开发的一款空气质量监控器来感受一下。这款监控器使用德雷森自家技术充电，每天出门时，用户只要记得带上它，无论是放在包里还是安在自行车上，它就可以持续跟踪周围环境的污染水平，并通过蓝牙把数据发到手机，用户通过手机应用程序就可以实时了解自己每天、每周所遭受的空气污染程度。原本无论用多少个形容词也说不清楚的污染水平，现在只需要几个数字就精确搞定，简单而简洁。

右边白色的是空气质量监控器。
中间的手机上显示的是空气监控 App。
左边的杯子是用来说明监控器大小的。

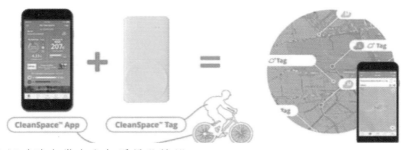

出门时随身带上空气质量监控器。
手机 App 上随时显示空气质量数据。
监控器使用免费伏特技术从环境中的射频信号获得能量。

想象一下吧，空气质量监控器收集的数据逐渐形成大数据，通过云计算就可以绘制出伦敦的实时污染地图。这张地图散发着数据和计算的魅力，有了它，你就可以为自己设计清洁路线。你不用再当吸尘器了，不用再凭着感觉走了，有了大数据和云计算作为左膀右臂，你另辟蹊径，一路徜徉，空气清新，云卷云舒。如果无线充电能牵出大数据，攀上云计算，就可以帮助人们成就美好生活。善哉美哉，好个逍遥痛快。想想看，有了这一招，除了可以保护消费者的健康，是否还可以用来对付那些在尾气排放数据上造假的大公司呢？

（2）美国之搭乘 Wi-Fi 的能量

空中取电与物联的故乡

别看英国德雷森的空中取电技术挺吸睛，其实在它之前在大洋彼岸已经有先行者了。在诸多无线充电佼佼者中，被评为 2016 年突破性技术之一的就是这个先行者的技术。这个先行者就是在无线充电领域大名鼎鼎的美国华盛顿大学。在无线充电领域，有许多家都标榜自己是天下第一。不过，世界上首次使用 Wi-Fi 信号物联并充电是在华盛顿大学诞生的，这才是空中取电与物联的故乡，它才是我们的正题。

一身兼两职的 Wi-Fi 信号

2015 年年初，华盛顿大学的研究小组开发了一种技术，使用 Wi-Fi 路由器发出的信号给电子设备充电，比如低分辨率相机、温度传感器、运动手环，这种尝试可是科技界破天荒头一次。因为使用的是 Wi-Fi 信号能量，所以这项技术被命名为PoWi-Fi，意谓"搭乘Wi-Fi的能量"，感觉就像是搭乘波音767的燃油，准备给其他飞机实施空中加油。有了这项技术，Wi-Fi在帮助智能电子设备上网的同时，还可以用来充电，身兼两职，两全其美。而且经过实验验证，用Wi-Fi信号进行无线充电并不影响上网效果，能量和数据完全可以在空中结伴而行。看来，Wi-Fi信号很有挑山工的两下子，担货山间行，一肩挑两筐，功夫了得。

研究小组是如何做到这天下第一举的呢？怎样使能量搭乘着Wi-Fi迎来送往呢？他们先是对普通路由器进行改装，以便能够运用背向散射环境方法来发送更多的能量包，还要在低能耗的待充电设备上集成特殊传感器，用来接收反射过来的Wi-Fi信号能量，这些能量被转变成直流电，然后就可供充电。俗话说，铁打的营盘流水的兵，这里是铁打的路由器流水的待充电设备。

华盛顿大学科研人员利用Wi-Fi路由器发出的信号，给低分辨率相机和其他设备充电。待充电的低分辨率相机和其他设备安装了传感器。

锱铢必较的科学态度

理想总是很丰满，现实却很骨感。由于Wi-Fi信号能量本身并不大，所以目前还无法期待能收集到多么可观的能量。比如，科研人员找来一款低耗电的豪威VGA摄像头，它能够拍出174×144像素黑白影像。科员人员给这个摄像头连接了一个电容器，用来储存电。当电容器电压达到3.1伏特时，摄像头就可以拍照，当电压降到2.4伏特时，就停止拍照。把摄像头放在距离路由器5米开外的地方，结果"搭乘Wi-Fi的能量"每送电35分钟，摄像头就可以拍一张照片。如果给摄像头增加一块可充电电池，那么距离可以拉长到 7 米远来充电。如果路由器和摄像头之间有一堵砖墙，充电仍可顽强进行，玩的就是穿墙送电。再比如，温度传感器距离路由器 6 米远仍可获得足够电量来工作，如果给温度传感器增加一块可充电电池，那么有效充电距离就可以拉长到 9 米远。给一款运动手环充电的战绩则是：电量从 0 充到 41% 花费 2.5 小时。

普通人也许对这些成绩不屑一顾，可是科研人员却"锱铢必较"，珍视每一个细微的发现、每一个微量的数据，从中窥探端倪。在他们看来，不积跬步无以至千里，不积小流无以成江海。他们总是以科学严谨的态度对待一丝一毫的变化，以科学精神寻找真相，怀揣着梦想去洞察世界。

利用路由器发出的 Wi-Fi 信号进行无线充电的低分辨率摄像头。

"豪威科技"(OmniVision) 是专门设计和生产 CMOS 摄像头芯片的美国公司，1995 年成立，是苹果公司的供应商。2016 年 1 月，3 家中国资本投资公司组成的财团收购了该公司。

CMOS 是指互补金属氧化物半导体，有 3 个应用领域，分别是：
· 在计算机领域，CMOS 作为可读写芯片，用来储存电脑硬件参数。
· 在数字影像领域，CMOS 作为低成本的感光元件，用于低端摄像头产品。
· 在更加专业的集成电路设计与制造领域。

（3）美国之被动 Wi-Fi

招架不住的充电那件事

一番努力一番收获，华盛顿大学的教授和学生齐上阵，终于在 2016 年 2 月开发出了新一版的空中取电技术，这就是金榜题名的"被动Wi-Fi"技术，它被列为2016年10大突破性技术之一。为了能够商业开发利用该项技术，华盛顿大学还开办了一家公司，名字是Jeeva Wireless，就叫"吉娃无线"吧。

在这个万物互联的年代，一下子冒出许多智能电子设备，运动手环也好，智能手表也罢，它们都在记录生活的点点滴滴和方方面面，产生了很多数据和信息。不过，它们需要电力充沛才能尽职尽责，否则就是无源之水、无本之木，会油尽灯枯。同时，它们还如饥似渴地寻找网络，网络是它们的家园，历经天路也要找到家，那里有它们的兄弟姐妹，在那里它们才能发挥更大价值。可是利用Wi-Fi上网会耗费很多电池能量，频繁给它们充电很麻烦，却又不能不充电。人们对名目繁多的智能设备欣喜若狂时，又有点儿招架不住了。怎么办呢？这对于研究电脑和电子工程的专业人士来说，的确是个问题。

飞跃式进步

先来发挥一下主观能动性。假设面前有两个智能电子设备，要让它们进行信息交换，你会怎么做？是否会给这两个设备都通电，然后用一根电线连接它们？或者是给这两个设备都通电，然后让它们相互发信号，省去中间那根电线？对比一下专业人士的思路吧。他们会考虑能否既不用给它们通电，也不用中间连电线，还不用它们发射信号，就能达到信息交换的目标。这真有点无为的感觉。

2015年，美国斯坦福大学的科研人员就开发了一项名为BackFi的技术，意思是"背向Wi-Fi"，顾名思义是利用背向散射Wi-Fi信号的方法，从一个设备向另一个设备传输数据。这个研究团队的战绩是，两设备相隔3英尺（约0.91米）时数据传输速度为每秒5兆比特，相隔15英尺（约4.57米）时数据传输速度为每秒1兆比特。

megabyte，兆字节，简写MB；megabit，兆比特，简写Mb；1字节=8比特

具有飞跃式进步的还是华盛顿大学开发的"被动Wi-Fi"技术，它凝聚了师生的共同智慧，既可以实现信息交换，又可以无线充电，一举两得。假设你手头有一个运动手环和一个智能手机，如果不用Wi-Fi、蓝牙等已知方式相连，而是使用华盛顿大学的方法，会怎样呢？

　　科研人员把射频电路安装在一个盒子中，作为 Wi-Fi 能量源。射频电路通电后，向各方向发出 Wi-Fi 载波信号。运动手环里安装的特殊芯片可以背向散射 Wi-Fi 信号或者吸收 Wi-Fi 信号，运动手环无须自己发射信号，否则太耗电。吸收 Wi-Fi 信号时，运动手环就充电了；背向散射 Wi-Fi 信号给智能手机时，运动手环就把信息传输给智能手机，实现与手机的互联。运动手环背向散射过程耗电极低，智能手机接收运动手环反射过来的信息时无须耗电。

　　整个过程下来，运动手环就成了被动 Wi-Fi 设备，不用多少电就能实现信息传输，还获得了来自 Wi-Fi 信号的无线充电。充电了，物联了，整套动作完成得干脆利落，算得上目前业内的冠军。那么荣誉应该归谁呢？恐怕应由两位平分吧，一位是藏在 Wi-Fi 能量源盒子中的射频电路，另一位是躲在智能设备中的特殊芯片。正是它俩联手配合，才取得了好成绩，使被动 Wi-Fi 技术变得举世瞩目起来，这二位就像中国女子双人跳水运动员，配合协调，把金牌收入囊中。

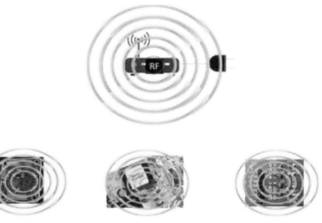

上边：连接电源的 Wi-Fi 能量源，内有射频元器件。
下边：被动 Wi-Fi 设备，内有耗电极低的数字电路。

下排中间是安装了射频元器件的 Wi-Fi 能量源，可以发出载波。下排其他四个是安装了数字电路芯片的电子设备，反射载波给路由器和手机等设备。

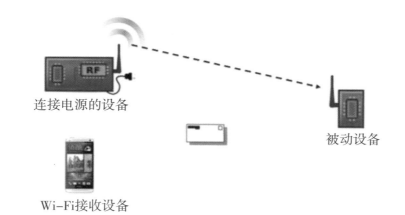

连接电源的设备

Wi-Fi接收设备

被动设备

Wi-Fi 能量源向被动 Wi-Fi 设备发出载波。被动 Wi-Fi 设备反射载波给手机时，也传输数据信息。

骄人的战绩

目前，被动 Wi-Fi 技术能够使两个相距 30 英尺（约 9 米）到 100 英尺（约 30 米）的智能设备相互进行数据信息传输，而且也能穿墙送电。在无线充电领域，距离之美是科研人员梦寐以求的，他们期待通过空中取电，把无线充电变成距离无限的充电。听起来像绕口令，却也"泄露"了天机。

在能耗和效率方面，被动 Wi-Fi 也是可圈可点的。目前，Wi-Fi 信号传输需要耗费 100 毫瓦特能量，而被动 Wi-Fi 信号传输只需要耗费大约 10 微瓦特到 50 微瓦特的能量，是前者的万分之一，是使用蓝牙方式耗能的千分之一。据测算，只需 15 微瓦特的能量，被动 Wi-Fi 就可达到每秒 1 兆比特的传输速度，不用 60 微瓦特的能量就可达到每秒 11 兆比特的传输速度。被动 Wi-Fi 的数据传输速度最高达到每秒 11 兆比特，虽然比 Wi-Fi 的最高纪录低，但是比蓝牙的传输速度要快 11 倍。几乎没吃什么粮食，就出了这么多劳力，是个干活儿的好把式。

你发现了吗？无论是数据传输速度还是工作距离，华盛顿大学的"被动Wi-Fi"比斯坦福大学的"背向Wi-Fi"都要厉害得多。看来，师出多门，"拳法"各异，于是有了三六九等，原本一样的 Wi-Fi 从此也不一样起来。

被动 Wi-Fi 技术正在改写 Wi-Fi 信号，对于智能设备来说，被动 Wi-Fi 既送来了能量，又保证了设备之间互通信息，可谓是一箭双雕。被动 Wi-Fi 技术是否也因此会改写智能设备的历史呢？从此以后智能设备不用电池了，从此以后智能设备的信号永不消逝了？不用电池，环境污染减少，善莫大焉。信号永不消逝，还有什么能从地球上消失，让人找不到吗？

4. 新材料新方法

（1）长得就像电视的家伙

2016 年 10 月，美国华盛顿大学、杜克大学和知识企业发明科学基金三家联合发表了一篇文章，讲述了一种更新的无线充电技术。未来，我们只要在家里安装一个类似于电视的显示屏板（可以安在天花板上，也可以挂在墙上），就可以为家里的智能电器无线充电。听上去很简单，就是在家里再布置一个"电视的弟弟"。

这个长得像电视的家伙也如电视那般，利用了液晶显示技术，只不过所用材料不是液晶，而是一种超材料。这种超材料靠人工合成，由许多独立单元构成，能够聚集电磁波能量，把电磁波像光束一样瞄准到手机大小的点上。调节某个独立单元就可以调节某个波束的方向。有了这家伙，房间里 10 米范围内的智能设备就能自动充电了，还可以几个设备同时充电，互不干扰。

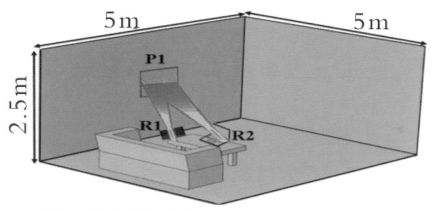

屏板无线充电系统能给房间里的多个智能设备同时充电。

(2) 挑战性的问题有待解决

　　这项技术听起来像是要为无线充电改头换面。不过，现在还有一些问题亟待解决。如果按照能量的传输路径来看，会有两个问题：第一，能量源问题，也就是如何获得一个低成本的电磁波能量源；第二，辐射问题，这项技术使用高频电磁波实现更远距离的能量传输，这会对人体造成辐射，因此当有人经过聚集的电磁波束时，这个系统要能够自动断开。现在是否感觉这项技术还是挺有挑战性的，并非像看起来的那样简单？

三、故事很多的无线充电

1. 江湖上的一段插曲

（1）初次现身引热议

2010年1月，在国际消费类电子产品展览会上，一款无线充电器大出风头，厂家美国Audiovox 公司一番演示，引来一阵阵热辣辣的好奇目光和纷纷扬扬的议论。此物名曰RCA Airnergy, 意思是"空气能量"。它的个头儿与通常的翻盖手机差不多，外观无甚惊人之处，但号称内有机关。它利用Wi-Fi信号进行无线充电，只要一靠近Wi-Fi热点，就自动收集2.4千兆赫Wi-Fi信号能量，使用内置天线把信号能量转成直流电，并保存在内置的锂离子电池中。它有USB接口，其他电子设备只要插入这个接口就可以充电。也就是说，它先"喂饱"自己，再"吐哺"。据说，用它给一款黑莓手机充电，电量从30%到充满用了90分钟，这在当时简直就是一匹黑马，一个黑科技坏子。

（2）一变再变到没了踪影

当"空气能量"撩拨起人们的无限想象后，它却改名了，改为RCA Airpower, 意思是"空气电力"。这有什么区别呀？只是改名后外观漂亮了些，颜值有所增加。2011年1月，又是一年聚会时，国际消费类电子产品展览会如期在美国拉斯维加斯举行，各家产品如火树银花般流光溢彩。至于那枚黑科技坏子，则是众里寻它千百度，蓦然回首，它却再度易名，摇身一变，成了RCA Air Charger, 意思是"空气充电器"，样子自然又变了。

为何两度变脸？葫芦里卖的什么药？这次厂家改了口，以前是言必称 Wi-Fi，这下谦恭了不少，不知是婉言还是坦言，说此物是利用 Wi-Fi 信号、人造光、太阳能来充电，它里面有太阳能板。众人皆惊。瞠目结舌之余，是否还想起了黑心油坊？明明是 1% 的橄榄油混合 99% 的大豆油，却按上好橄榄油来叫卖。此后，不知这物何时萌生退意，在江湖上没了踪影，绝不是"蛾儿雪柳黄金缕，笑语盈盈暗香去"那般神采。2011 年年底，连厂家 Audiovox 都改名了，称作 VOXX 国际公司，名字大气了不少，可它的无线充电器去哪儿了？缘何神龙见首不见尾？

这般蹊跷，直叫人感叹无线充电烟波浩渺，湖水很深，原本就是肉眼凡胎看不见的能量，又有人玩起虚无幻化，结果就如雾里看花、水中望月了。

左图：Airnergy（"空气能量"充电器）。右图：Airpower（"空气电力"充电器）。

一个复杂的商标

顺便提一下，这个销声匿迹的充电器所用的商标 RCA 也是经历复杂。RCA 全名是 Radio Corporation of America，意即"美国无线电公司"，1919 年在美国纽约成立，是上市公司，由通用电气控股，有美国军方背景。1986 被通用电气收购，之后通用电气又卖掉了所有的 RCA 业务。1988 年，法国跨国公司 Thomson SA 获得 RCA 商标所有权，该公司 2010 年 1 月改名为 Technicolor SA，提供与通信、传媒、娱乐产业相关的服务和产品，在法国、美国、比利时、英国、印度都有办公机构。Technicolor SA 基本不直接使用 RCA 商标，而是许可第三方使用。被许可的公司有索尼音乐娱乐公司和 VOXX 公司等，涉及 10 条不同的产品线。说白了，几番倒手后，RCA 现在就是一个美国商标，由一家法国跨国公司拥有，由其他企业享有该商标使用权。所以，下次看到 RCA 商标，还要瞪大眼睛，好好看看到底产品出自哪家企业之手。

2. 绕不过去的标准之争

无线充电领域正如生机盎然的原野，满眼望去一派热气腾腾，一边是技术像春苗渴望阳光破泥而出，一边是技术标准像炊烟袅袅升起弥漫乡间。无线充电涉及发送能量的一端和接收能量的一端，如果两端对不上，谁也不认谁，则孤掌难鸣，到头来是你走你的阳关道，我走我的独木桥。无线充电技术标准就是要统一标准，大家步调一致听指挥，发送端和接收端相互兼容，最终实现经济效率。

商业领域向来不缺闻风而动、见势就起的敏感和果断。对于无线充电标准，有三大组织已是万丈拔地起，它们都很急，急着跑马圈地，你方尚未唱罢，我方急要登场。偌大的一个市场，谁不想被奉为圭臬？于是就有了没有硝烟的战场，就有了三国逐鹿的沧桑味道。

(1) 又是哪"三国"

无线电力联盟（WPC）

之前已经说过无线电力联盟（WPC），2008 年 12 月在美国新泽西州成立，由国际著名的消费类电子产品生产商群策群力而建。该组织确立的 QI 标准是基于电磁感应原理，后又发展到磁共振原理。已有 223 家成员接受该标准，有许多是中国的公司和机构，来自北京、上海、深圳、浙江、台湾等不同地区。联想美国公司（也就是联想收购的摩托罗拉）、华为、海尔集团是其成员。

电事体大联合（PMA）

PMA 是第二家有势力的机构，全称为 Power Matters Alliance，意思是"电力至关重要、电力起重要作用"，也就是"事关电力、兹事体大"，姑且就叫"电事体大联合"吧。2012 年 3 月在美国得克萨斯州成立，由电事体大技术公司（Powermat）和美国宝洁公司（P&G）联袂打造。其实，2011 年 9 月时，这两家公司就与美国金霸王公司（Duracell）歃血为盟，创立了 Duracell Powermat，也就是"金霸王电事体大公司"，专门做无线充电器。有了这一段渊源，电事体大联合一开始就直接推出 Power 2.0

无线充电技术标准，也就是它的第二版标准，并逐渐发展了 68 家成员，包括 AT&T、星巴克、通用公司等。中国成员只有联想、华为、HTC。

虽然 QI 和 Power 2.0 都是基于电磁感应原理，但是两者互不兼容。如果手机支持 QI 标准，无线充电设备支持 Power 2.0 标准，谁也不是谁的菜，举目相望只有长吁短叹。不过，韩国三星电子和三星电机同时接受这两种标准，三星电子的 Galaxy S6 和 Galaxy S6 edge 两款手机可以享受两个技术标准提供的电流，可谓是如鱼得水，犹如在山间潺潺的溪水中嬉戏。

无线电力联合（A4WP）

A4WP 是第三大机构，全称是 Alliance for Wireless Power，意即"无线电力联合"。2012 年 5 月，在美国无线通讯展（CTIA）上，美国高通公司（Qualcomm）和韩国三星公司联手创建 A4WP，另有 5 家公司也参与创建过程，分别是广州泰胜数控机械有限公司、美国 Gill 工业公司（主要从事焊接和加工）、德国 Peiker 通讯公司、电事体大技术公司、韩国 SK 电讯公司。

该机构以高通公司的磁共振无线充电技术 WiPower 为基础，建立了名为 Rezence 的技术标准，可以给多个设备同时充电。技术构造包括一个能量发射端单元、一个或多个能量接收端单元，能量传输达到 50 瓦特，发射端和接收端可以距离 5 厘米远。100 多家企业加入了这个机构，有无线的电（WiTricity）、英特尔（Intel）、美国博通公司（Broadcom）、美国德尔福公司（Delphi）、韩国 LG 电子公司、美国闪迪公司（SanDisk）、美国集成设备技术公司（IDT）等。中国的成员有海尔、联想、鸿海精密工业公司、HTC。

（2）这段"三国"如何演义

三大机构的名字翻过来调过去，无外乎是在电力、无线、联合、联盟这几个字眼上挑来捡去。正如它们的技术那样，掰着手指头数一数，也就是那几个物理原理。难道它们就不能大一统，让消费者真正轻松起来吗？而不是省了电线的缠绕，却多了标准的束缚。如果标准不是为了健康、安全或效率，而是为了商业利益，那不就成了标准之殇？

235

各有小九九

三巨头都很年轻，背后却颇有实力。无线电力联盟（WPC）是由制造商群策群力建成的，它们志同道合，感觉有必要步调一致，于是才有了 QI 标准。电事体大联合（PMA）是由母子公司共建的，总给人一种赶快抢地盘的感觉。无线电力联合（A4WP）则像是一场跨国联姻，两家商业合作伙伴一个来自美洲，一个来自亚洲，它们既爱着又烦着，多了层姻亲就是求得将爱进行到底。无线电力联合（A4WP）很明智，知道自己是迟来者，对于江湖上的明争暗斗也是心知肚明，于是中立一派，泰然处之，反正自己搞的是磁共振，与别家井水不犯河水。

当下，举目张望，还没看到有哪家公司能独扯一面大旗，自创一派无线充电技术标准。至于利用 Wi-Fi 信号充电，这是太新的事物，还远未到商业化阶段，也就无技术标准可言，但研发者看涨，皆嘈嘈切切错杂弹，也许未来哪天就大珠小珠落玉盘。

三家逐鹿剩两家

2015 年 6 月 1 日，无线电力联合（A4WP）和电事体大联合（PMA）合并了，成立了 Airfuel Alliance，意思是"空气燃料联合"。选择儿童节这天，是预示强强联合后将会朝气蓬勃吗？新机构集合了电磁感应方法和磁共振方法，要打造无处不在的无线电力，家、办公场所、餐厅、宾馆、汽车、公共交通设施等到处都可以充电，多个设备可以同时充电。在 163 个成员中，中国成员没几个，其中有联想、海尔集团技术研发中心、鸿海精密工业公司、HTC。

两强联合后，三家逐鹿沙场只有两家了，决赛拉开帷幕，气氛异常火热。原本老资格的无线电力联盟（WPC）被无情地抛入危机，被后生小子逼得不行，也不知是急的还是气的，决意要改 QI，要力推磁共振式的无线充电技术标准，建立磁共振 QI 标准，以防一闪身失守阵地而败走江湖。

无线充电技术标准最后到底怎样，是两者并存，还是只剩一家，实在是不好说。无论是厂家，还是消费者，都希望自己手中的智能设备能畅享三无充电——无缝式、无拘无束、无线充电。电不是在家充的，就是在办公室充的；不是在办公室充的，就是在从家到办公室的路上充的；不是在路上充的，就是在看电影时充的……

（3）八仙过海，各显神通

电事体大，主动出击，手到擒来

电事体大技术公司（Powermat），总部在以色列，由美国金霸王公司控股，在美国有 457 家办事机构，可谓是遍布美国大地。此外，在英国伦敦、德国慕尼黑、法国基扬古尔、加拿大滑铁卢都有办事机构。一看这个公司的名字就知道它与电事体大联合（PMA）之间的渊源。它不仅创建了电事体大联合，还参与了无线电力联合（A4WP）的创立。想来两家机构的最终归一，一定少不了它长袖善舞、从中穿针引线吧？

电事体大实在是个活跃的主儿，2013 年 5 月，它曾合并了欧洲的电力亲吻公司（Powerkiss）。欧洲就是这般浪漫，除了见面有贴面礼，连公司取名都用"亲吻"二字。相较之下，美国的公司名就一本正经，事关电力、兹事体大，何来亲吻？总之，没有行贴面礼，正经的美国公司直接把浪漫的欧洲公司收入囊中，从此"电力亲吻"没了，Power 2.0 却扩大了势力范围。本来"电力亲吻"追随 QI，在机场、宾馆、咖啡馆、麦当劳等各处建立了林林总总约 1000 个无线充电据点，现在可好，这些全被电事体大联合（PMA）一锅端了，无线电力联盟（WPC）被抢了一员大将，据点被打劫，损失可谓惨重。如此看来，电事体大技术公司一再动手，是誓与无线电力联盟决一雌雄，它就是那角斗推手。

三星，来者不拒，兼容并包

标准之争可谓苦煞人也，诸位商家恓惶不已，两眼迷离，愁眉不展，乱了阵脚，难做抉择。魏、蜀、吴，到底该以哪个为栖身之地呢？掂量来寻思去，各自压上宝，下了注。不过，也有那乖巧精灵的，索性兼而收之，奈何别人怎么说，且随它去，说把鸡蛋放在不同的篮子里也好，说心胸宽广海纳百川也罢，我自逍遥。风大浪急池深，这也许不失为一种策略。此为何人？三星是也。

在无线充电技术标准上，三星的确很大度，想得开，不仅接受了两个技术标准，还创建了一个技术标准。是三星被攥在"三国"手中，还是"三国"被攥在三星手中呢？无论怎样，三星已是狡兔三窟。即便两大机构二合一后，三星也不见机行事，依旧是谁也不放弃。不知三星能否成为这标准之争的和平使者？

华为，发奋图强，蓄势待发

华为是无线电力联盟（WPC）和电事体大联合（PMA）成员，不是无线电力联合（A4WP）成员。电事体大联合（PMA）与无线电力联合（A4WP）合并后，它未成为新机构的成员。难道是只认准了 QI 标准，只认准了电磁感应式的无线充电，暂且不想发展磁共振式充电手机？还是说自己也在搞磁共振无线充电技术？等华为 P10 出来吧，也许那时就有端倪了。

苹果，自力更生，独挑天下

苹果公司呢？它属于哪个联盟或联合？照它一贯的做派，恐怕是不会委身于人的。苹果的字典里没有"仰人鼻息""寄人篱下"这些词。早有报道，苹果自己在研发无线充电技术，还提出了好几个专利申请。看来它是要自成一派，匠心之作何时见分晓，还需时日吧。不过试着猜想一下，如果苹果打造一个一体化的充电方式，它的手机、电脑、平板电脑、手表等都以这种方式完成无线充电，那苹果是不是可以一网打尽呢？消费者只要买了一款苹果产品，其他产品是不是也非苹果不可呢？奇妙的是，到那时，不是苹果逼你就范，而是你束手就擒。

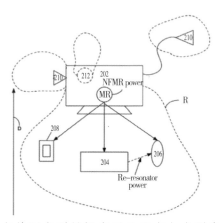

2012 年，苹果公司向美国专利局提出了无线充电专利申请。申请书中的这张图显示，在电力供应的 1 米范围内打造一个虚拟充电区域。苹果电脑 iMac 作为近场磁共振电力供应，可以给播放器、键盘、鼠标持续充电。

四、对未来的期待和担忧

1. 集中化充电

（1）婚礼誓言与无线充电的关系

有线充电时代，你有 N 个电子设备，基本上就需要有 N 个充电器和 N 根充电线。未来标准统一的无线充电时代，你有 N 个电子设备，只需 0 到 1 个充电装备就好，要么自己拥有一个，要么就直接用公共的。这种质变令耳边响起教堂音乐、婚礼誓言。

牧师："你愿意娶这个女人吗？从现在起爱她、忠诚于她，无论逆境还是顺境，贫穷还是富有，疾病还是健康，直至死亡将你们分离。你愿意吗？" 新郎："我愿意！"

下一对，无线充电设备与智能电子设备缓缓步入神圣的殿堂。

科学家："你愿意接受智能电子设备吗？从现在起充电给她、传信息给她，无论她是手机还是汽车，苹果系统还是安卓系统，在城市还是在乡村，直至充满后分离。你愿意吗？"无线充电设备："我愿意！"

（2）从 N 到 0 或 1= 集中

0 或 1 个充电装备，其实就是说要把充电器和电线与电子设备相剥离，使充电的功能独立出来，成为专门的充电中心，各个电子设备均能使用。

这就好像当年电网出现之前，许多工厂要想办法自己发电，可是有了电网之后，发电的事情就有专门的电力公司来做了，各家工厂和车间不用再发电了，只要使用电网输送的电，做好自己的产品就行了。

这也像在信息爆炸的年代，生活的方方面面和点点滴滴都被大数据记录，此时就需要超级计算负责大数据的分析，于是出现了云计算中心之类的新鲜事物，大家不用昏天黑地地分析庞大的数据了，直接使用云计算结果就行了。

想想看，无线充电何尝不是一种充电功能的集约化和中心化？集中化设计的无线充电手段将出现在家庭、社区、公共场合，生活会呈现一种简单之美，环境也变得简约齐整，一如当年电网出现之时。

未来，也许集中化的无线充电会带给我们超凡的感受。这句话听起来就像广告词，但实际上，现在已经有一些公司在开发无线充电平台，以后如果酒店在房间里安装这种无线充电平台，客人进入房间后将会惊喜连连。首先当然是手机自动开始充电，然后空调自动打开并调到合适的温度，因为平台已经感知到你大汗淋漓，接着电视也打开了，上演的正是你在飞机上用手机观看的大片，原来平台已使电视同步，让你得以从中断的地方走起。此时，除了满意、惬意、得意，你还有什么可说的？不过，这般贴心的平台还是无线充电平台吗？它简直就是一个集大成的智能平台，一个智能中枢，又能充电、又能感知、又能调度。

2. 随之而变的观念和生活

（1）该进博物馆的就进博物馆

无线取电，空中取电，听起来都像是隔空取物，像是魔术师在使用障眼法变魔术。可实际上，物理学家让我们真真切切地感受到了肉眼看不到的射频信号。原来取之不尽的能量就在空中，随着无线充电技术的发展，这些看不见的能量终将改变人们的生活。

未来，有了成熟的无线充电技术，电池省电模式、用充电器充电等都将成为过去式，电池、充电器、充电线统统要进电器历史博物馆了。终于可以不再担心电池污染土壤和水质的问题了，今后我们就在家里安装各种智能设备，打造智能家园吧。

（2）该潇洒就潇洒起来

未来，有了成熟的无线充电技术，我们的观念也要改变了。不用事先充电，而是一边使用一边充电，就好像年轻人不先存钱再花钱，而是边赚钱边花钱，潇洒走一回。出国旅游不必带转换插头，充电都已自动化了，完全无须烦恼。你一边走一边充电，你走，充电也走，你变得主动，不再被动，无论走到何方，充电都将进行到底。想当年，我们用座机打电话，后来座机扯掉了身上那根电线的"枷锁"，获得自由身，于是我们有了移动使用的电话，未来手机要再次被解放，成为移动充电的电话，彻底不再被线羁绊。

生活的变化往往会带给人们不同的感受。有线充电时代就好比过着自给自足的生活，你饿了，就要自己下厨做饭、挥汗如雨。无线充电时代就好比过上了有保姆的生活，你饿了，发现饭菜都已备好上桌了，你只要挪挪屁股过来，坐下来享用就好，这是电磁感应方式和磁共振方式带来的"饿了上桌就吃"的生活；你饿了，发现饭菜不仅已备好，无论是坐着、躺着、走着，饭菜都直接送到你的嘴边，你只要张嘴就好，这就是背向散射环境方式带来的"饿了饭来张口"的生活。电磁感应方式、磁共振方式、背向散射环境方式，无线充电一路走来，的确让人省心不少、潇洒更多。

（3）不再抓狂

未来，生活的改变还多着呢。大家特别头疼城市里交通拥堵，不是堵在路上，就是直接堵在小区里，所有路面都是停车场，一堵车什么也做不了，干着急。而以后有了可以给电动汽车充电的路面后，车子风驰电掣中就可以充电，即便遭遇堵车，也是一边堵着车一边充着电。这种能充电的路面就像是潺潺的溪流，车子就像鱼儿，尽情地游着。到那时，我们坐在无人驾驶的汽车里，汽车跑着，磁共振充着电，而我们则是用手机工作或休闲，还随时有射频信号为手机充电。到那时，一切都那么井然有序，我们还会抓狂吗？还会肝火旺吗？

人们设想未来的可供行驶中的汽车无线充电的路面。

3. 撸起袖子脚踏实地干起来

（1）一个为什么

此时又想起了尼古拉·特斯拉，斗转星移，从他设想无线输电到现在也 100 多年了，大科学家的想法尚未成真。什么原因呢？也许是因为现在的电子设备越来越多，而且个个都不是"省油的灯"，搞得无线充电技术总是跑得气喘吁吁，还一路赶不上电子设备的发展。也许假以时日，等到电子设备身材越来越娇小，越来越省电，同时再配合无线输电技术的发展，美好的明天才会来到。

（2）中国的行动计划

其实，被评为第十大突破性技术的是利用背向散射环境方法从空中取 Wi-Fi 信号能量来充电的"被动 Wi-Fi 技术"，而此章洋洋洒洒多言，确是因为空中取电是无线充电的一种，而无线充电世界实在是太精彩了，魅力颇大，很多国家在关注，众多企业纷纷行动，有利用电磁感应和磁共振的，也有更高一筹，利用背向散射电磁波信号的。

我国也不甘落后，不仅很多企业投身于开发无线充电技术，而且国家也高瞻远瞩制订了计划。2016 年 4 月，国家发布了《能源技术革命创新行动计划（2016－2030年）》，这是一个跨越15年的计划，其重要性不言自明。电动汽车无线充电技术被提上日程，国家鼓励研发高效率、低成本的无线电能传输系统，实现即停即充，甚至在行驶中充电，形成电动汽车无线充电技术标准体系。要实现这个宏伟目标，当靠年轻的吾辈了。

4. 少不了的忧患意识

憧憬着未来，热切巴望着无线充电的生活，可身不由己又被老祖宗的古训牵住，"生于忧患，死于安乐"，言犹在耳。人生何尝不是这样，当你得意的时候，不要忘了失意。于是冷静下来，心里开始琢磨，这无线充电是利用电磁波，可是电磁波有辐射吗？电磁辐射有损健康吗？

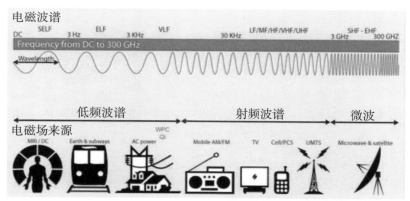

上排：电磁频率越低，波长越长。QI利用低频电磁波。
下排：产生电磁波的设备从低频到高频依次排列。

（1）该往哪里逃

记者总是嗅觉敏锐，已经报道了与电磁过敏症有关的许多诉讼，争吵在法国、美国、英国、瑞典等国时有发生。电磁过敏症患者皮肤红、痒、痛不说，还疲劳、头晕、头疼、恶心、消化系统紊乱、失眠，已然无法正常工作和生活。他们盼望周围没有Wi-Fi，指望政府能伸出援助之手。

努力是有结果的。最终，以高税收高福利闻名于世的瑞典不仅把电磁过敏症视为一种有损行为能力的症状，规定患者可以享受与盲人或失

243

聪人类似的权利和待遇，还规定如果患者在家里安装金属保护罩来隔绝电磁波，当地政府应负担费用。

有些努力尚无结果，还需继续。在美国，那些备受电磁敏感症煎熬的人无处逃遁，最后"被逼上梁山"，在西弗吉尼亚山区"落了草"，做了"Wi-Fi 难民"。好在，在这片静土，他们的症状都减轻甚至消失，身体日渐硬朗，从此不愿再归，宁可背井离乡，守在这方净土，过着世外桃源的生活。这恐怕就是中国人所说的"人挪活，树挪死"吧？可谓是：

> 莫笑农家腊酒浑，丰年留客足鸡豚。
> 山重水复疑无路，柳暗花明又一村。
> 萧鼓追随春社近，衣冠简朴古风存。
> 从今若许闲乘月，拄杖无时夜叩门。

1958 年，美国联邦政府在西弗吉尼亚山区开辟了"国家无线电安静区"，之后在这里建立了射电望远镜，用来捕捉来自遥远太空的微弱的无线电信号。在这 13 000 平方英里的范围内，手机、电视、广播信号都被严格限制，在望远镜周边半径 10 英里的范围内更是被禁止使用，从而确保没有不必要的电磁干扰。这里没有信号发射塔架，这里的信号静悄悄。

望远镜在名叫"绿堤"的小镇上，因此被称为"绿堤望远镜"。当地人口约 140 人，许多电磁敏感症患者陆续迁居至此。

左图：绿堤天文观测台附近的小咖啡馆。
右图：绿堤小镇，晨色暮霭，望远镜是它的守护使者。

（2）坊间和权威之声

业界坊间如何说呢？在他们眼里，手机、无线充电、Wi-Fi 等是低频电磁波，辐射极其有限。权威机构又怎样看待电磁过敏症及患者呢？无论是受理相关案件的法院还是世界卫生组织，一概承认电磁过敏症状真实存在，但骨子里不认为这是一种病，对于此症与电磁环境的关系，它们认为缺乏科学依据。

2004 年，世界卫生组织还提出一种说法：电磁过敏症可能是其他环境因素造成的，如日光灯的闪烁、视频设备的刺眼、电脑工作环境设计不符合人体工程学、室内空气不好，办公或居住环境的压迫感等。还有专家饶有哲理地说：人们自以为暴露在电磁辐射中有害健康，这种想法本身就会导致电磁过敏症出现，即便并未实际暴露在电磁环境中。这听起来有点儿"意识决定物质"的感觉，让人感觉纠缠不清。

到了 2011 年，情形有些不同了，世界卫生组织的下属机构国际癌症研究机构总算从这不清不楚中理出了头绪，直接把电磁波频谱中的射频部分列入 2b 类，也就是说来自手机、Wi-Fi、智能计量仪、电视广播天线、雷达天线等的射频辐射可能致癌。2015 年 2 月，浪漫的法国也务实起来，禁止在托儿所使用 Wi-Fi，以防止将幼童暴露在电磁辐射环境中。

（3）雾霾来了，"电磁霾"还远吗

随着无线充电技术的发展，随着定向高频电磁波用于无线充电，关于电磁波对人体的影响，今后免不了真伪科学的较量，少不了唇枪舌剑。其实，人们所要不多，就是对电磁辐射影响的客观分析和真实披露。只有这样，人们才能用上便利又安全的智能电子产品。只有这样，厂家才有了约束，如果产品释放的射频辐射有问题，那就重新设计，消除或减少辐射影响。还记得汽车尾气排放吗？人们已经被制造商蒙骗过，现在不想在电磁辐射问题上被坑了。毕竟已经历了十面"霾"伏之苦，谁还想霾上霾，再被深埋在"电磁霾"中呢？